新时代职业教育课证融通新形态一体化教材

# 工业机器人应用技术

主　编　姜　隆　乔振华　王　鹤
副主编　车永明　王大卫　邱瑞杰　石义淮
编　者　姜　隆　乔振华　王　鹤　车永明
王大卫　邱瑞杰　石义淮　林　琦
潘　云　谢建杰
主　审　王　威

西北工業大學出版社
西　安

【内容简介】 本书以培养学生的职业能力为核心，从实用角度出发，阐述了学习工业机器人技能的初心使命、工业机器人认知、工业机器人基础操作、工业机器人基础编程等知识。本书内容简明通俗、图文并茂，便于学生理解与学习。本书既可以用作职业院校工业机器人技术应用相关专业的教材，也可以用作工业机器人技术爱好者的自学参考书。

**图书在版编目(CIP)数据**

工业机器人应用技术 / 姜隆，乔振华，王鹤主编
. —西安：西北工业大学出版社，2023.12
ISBN 978-7-5612-9116-0

Ⅰ. ①工… Ⅱ. ①姜… ②乔… ③王… Ⅲ. ①工业机器人-高等职业教育-教材 Ⅳ. ①TP242.2

中国国家版本馆 CIP 数据核字(2023)第 249721 号

GONGYE JIQIREN YINGYONG JISHU
**工 业 机 器 人 应 用 技 术**
姜隆　乔振华　王鹤　主编

---

**责任编辑：**梁　卫　　**策划编辑：**孙显章
**责任校对：**张　潼　　**装帧设计：**薛静怡
**出版发行：**西北工业大学出版社
**通信地址：**西安市友谊西路 127 号　　邮编：710072
**电　　话：**(029)88493844，88491757
**网　　址：**www.nwpup.com
**印 刷 者：**西安五星印刷有限公司
**开　　本：**787 mm×1 092 mm　　1/16
**印　　张：**8.25
**字　　数：**195 千字
**版　　次：**2023 年 12 月第 1 版　　2023 年 12 月第 1 次印刷
**书　　号：**ISBN 978-7-5612-9116-0
**定　　价：**39.00 元

---

如有印装问题请与出版社联系调换

# 前 言 PREFACE

工业机器人在现代制造技术中起着举足轻重的作用。中国共产党第二十次全国代表大会(简称“党的二十大”)报告指出:“坚持把发展经济的着力点放在实体经济上,推进新型工业化,加快建设制造强国、质量强国、航天强国、交通强国、网络强国、数字中国。”2021年我国出台了一系列政策,鼓励工业机器人产业发展。《中华人民共和国国民经济和社会发展第十四个五年规划和2035年远景目标纲要》(简称“十四五”规划)要求深入实施智能制造和绿色制造工程,发展服务型制造新模式,推动制造业高端化、智能化、绿色化,推动机器人等产业创新发展。工业和信息化部等15个部门联合印发的《“十四五”机器人产业发展规划》中提出,重点推进工业机器人等重点产品的研制及应用,提升性能、质量和安全性,推动产品高端化智能化发展,同时开展工业机器人创新产品发展行动,完善《工业机器人行业规范条件》,加大实施和采信力度。

工业机器人应用技术是目前工业技术领域发展较快、应用较广泛的技术之一,其应用遍及各行各业。“贴近岗位需求,为一线岗位培养符合要求的技能型人才”是目前高职院校教育的目标方向。

为了更好地适应现代机械制造转型升级的要求,满足智能制造业转型升级大背景下企业对技术技能人才的需求,笔者编写了本书。

本书以技术技能型人才为培养目标,强调实践,强化“应用型”技术的学习,使学生在经过系统、完整的学习后能够达到如下要求:具备工业机器人工作所需的理论知识和操作技能;能够熟练地进行工业机器人的日常操作,并掌握工业机器人操作安全规范;具备一定的操作经验,包括工业机器人基础操作、工业机器人基础编程和工业机器人日常维护等内容。本书紧密结合行业、专业发展前沿技术,突出知识与技能的有机融合,让学生在学与用的过程中学得懂、做得来、用得上,以适应职业教育人才建设需求。

本书是由吉林科技职业技术学院和武汉华中数控股份有限公司共同开发的教材。姜隆、乔振华、王鹤担任主编，车永明、王大卫、邱瑞杰、石义淮担任副主编，林琦、潘云、谢建杰参编。具体编写分工如下：姜隆编写了项目一和项目二，乔振华编写了项目三，王鹤编写了项目四，其他老师提供了案例、习题、附录等内容，并参与了审稿工作。

由于笔者水平有限，书中难免有不妥之处，恳请读者批评指正，敬请广大读者提出宝贵意见。

编 者

2023 年 9 月

# 目录 CONTENTS

# 项目一　学习工业机器人技能的初心使命

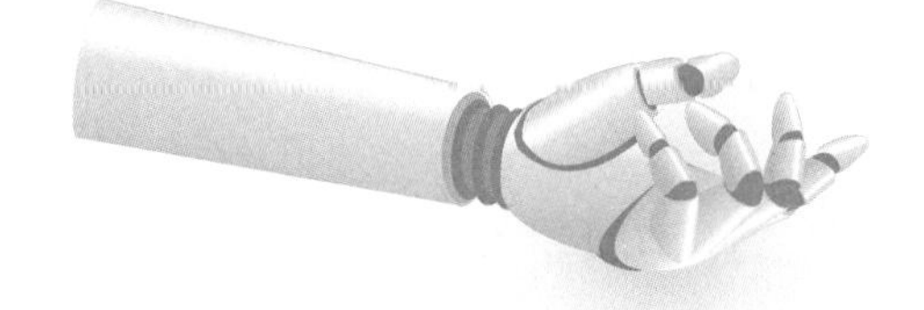

## 学思课堂

机器人集现代制造技术、新型材料技术和信息控制技术于一体，是智能制造的代表性产品，其研发、制造和应用是衡量一个国家科技创新和高端制造业水平的重要标志。《中国制造2025》的提出，体现了我国对智能制造和机器人的高度重视。工业和信息化部、国家发展和改革委员会、科学技术部等多部门都在力推机器人产业的发展，从顶层设计、财税金融、示范应用、人才培养等多个方面着手推进自主品牌机器人产业发展，扶持政策愈来愈全面、细化。我国机器人产业路线图及机器人产业"十四五"规划相关工作也在稳步推进。这对我国机器人企业突破技术瓶颈、提高产业化能力起到了极大的促进作用。

党的二十大报告指出："加快建设国家战略人才力量，努力培养造就更多大师、战略科学家、一流科技领军人才和创新团队、青年科技人才、卓越工程师、大国工匠、高技能人才。"青年大学生为整个社会注入了最积极、最有生气的一部分力量，具有开拓思想、拥有创新精神，是承前启后、继往开来的一代。实现中华民族伟大复兴的重任落在当代青年的肩上，青年一代需要为此努力奋斗。积累丰富的专业技能知识，积极地投入实现中华民族伟大复兴的事业，才能承担起历史赋予的重任。

## 学习目标

1.了解机器人的概念。

2.了解工业机器人发展史。

3.掌握国内外工业机器人应用现状。

4.深刻理解《中国制造2025》与"十四五"规划，以及工业机器人行业肩负的使命。

# 任务一　机器人概念及工业机器人发展史

## 一、机器人概念的出现

Robot(机器人)一词源自捷克著名剧作家卡雷尔·恰佩克(Karel Capek)于1920年创作的剧本《罗素姆万能机器人》(*Rossum's Universal Robots*)。剧中的人造机器人被取名为Robota,自此,Robot一词开始代表机器人。

机器人概念一出现,首先引起了科幻小说家的广泛关注。自20世纪20年代起,机器人成为很多科幻小说与电影的主人公,如《星球大战》中的C-3PO、《霹雳五号》中的霹雳五号、《机器人总动员》中的瓦力(见图1-1)。

1942年,美国科幻小说家艾萨克·阿西莫夫(Isaac Asimov)在《我,机器人》(*I,Robot*)的第四个短篇《转圈圈》(*Runaround*)中,首次提出了"机器人学三定律",该定律被称为"现代机器人学的基石",这也是"机器人学(Robotics)"这个名词在人类历史上的首度亮相。

图1-1　《机器人总动员》中的瓦力

智能型机器人是人类最渴望能够早日制造出来的机器人,然而要制造出一台智能机器人并不容易,仅仅是让机器人模拟人类的行走动作,科学家们就要付出数十年甚至上百年的努力。

国际上对机器人的概念已经逐渐趋近一致。国际标准化组织采纳了美国机器人协会给机器人下的定义:"一种可编程和多功能的操作机,或是为了执行不同的任务而具有可用电脑改变和可编程动作的专门系统。"

机器人(Robot)自1959年问世以来,由于能够协助人类完成那些单调、频繁、重复和长时间的工作,或取代人类从事危险、恶劣环境下的作业,因此发展非常迅速。随着人们对机器人研究的不断深入,已逐步形成了机器人学这一新兴的综合性学科。有人将工业机器人与数字控制(Numerical Control,NC)、可编程逻辑控制器(Programmable Logic Controller,PLC)并称为工业自动化的三大支持技术。

## 二、工业机器人发展史

从国外的技术发展历程来看,工业机器人技术的发展经历了三个阶段。

### 1.产生和初步发展阶段:1958—1970 年

机器人的研究始于 20 世纪中期。最早是在第二次世界大战(简称“二战”)之后,美国阿贡国家实验室为了解决核污染机械操作问题,首先研制出遥操作机械手用于处理放射性物质,随后又开发出一种电气驱动的主从式机械手臂,如图 1-2 所示。

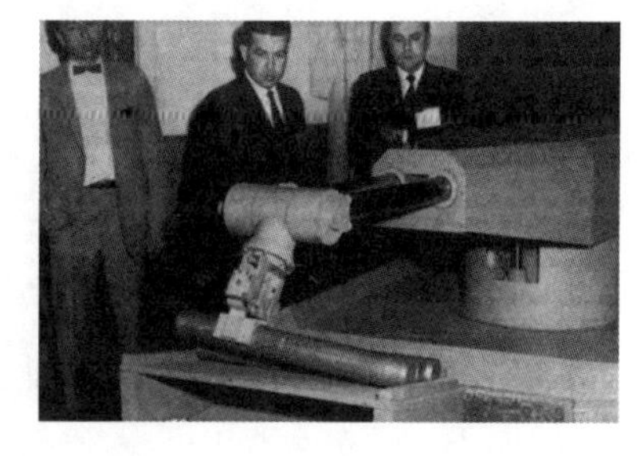

图 1-2　主从式机械手臂

1958 年,工业机器人领域的第一项专利由乔治·德沃尔申请,是世界上第一台装有可编程控制器的极坐标式机械手臂,如图 1-3 所示。

图 1-3　极坐标式机械手臂

约瑟夫·恩格尔伯格对此专利很感兴趣。1959 年,他联合乔治·德沃尔共同制造了世界上第一台工业机器人样机 Unimate 并定型生产,如图 1-4 所示,由此成立了世界上第一家工业机器人制造工厂——Unimation 公司。

图 1-4　工业机器人样机 Unimate

1962 年,美国通用汽车(General Motors,GM)公司安装了 Unimation 公司的第一台 Unimate 工业机器人,如图 1-5 所示,其标志着第一代示教再现型机器人的诞生。

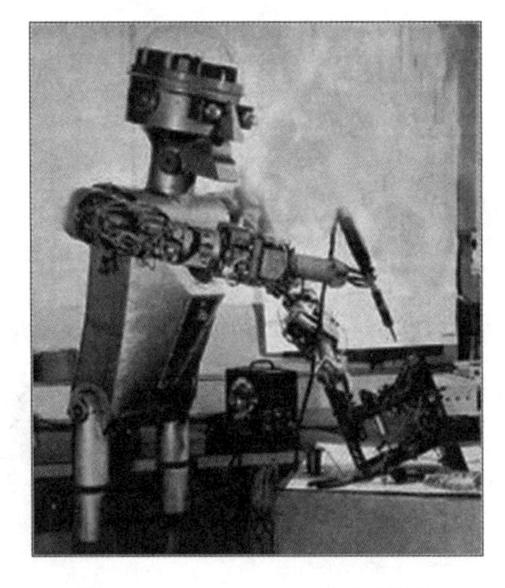

图 1-5 Unimate 工业机器人

2.技术快速进步与商业化规模运用阶段:1970—1984 年

这一时期的技术相较于此前有很大进步,工业机器人开始具有一定的感知功能和自适应能力的离线编程,可以根据作业对象的状况改变作业内容。工业机器人商品化程度逐步提高,并逐渐走向产业化,继而在以汽车制造业为代表的规模化生产中的各个工艺环节推广使用。例如,搬运、喷涂、弧焊等工业机器人的开发应用,使得二战之后一直困扰着世界多个地区的劳动力严重短缺问题得到极大缓解。对于单调重复及体力消耗较大的生产作业,使用工业机器人代替人类,不仅可以提高生产效率,还可以避免因工人的失误而导致的质量问题。

1978 年,Unimation 公司推出了一种全电动驱动、关节式结构的通用工业机器人 PUMA 系列。次年,适用于装配作业中的平面关节型 SCARA 机器人(见图 1-6)出现在人们的视野中。自此,第一代工业机器人形成了完整且成熟的技术体系。

图 1-6 SCARA 机器人

伴随着技术的快速进步和发展,这一时期的工业机器人还突出表现为商业化运用迅猛发展的特点,工业机器人的“四大家族”——艾波比(ABB)、库卡(KUKA)、发那科(FANUC)、安川(YASKAWA)公司分别于 1974 年、1976 年、1978 年和 1979 年开始了全球专利的布局。1980 年,工业机器人在日本普及,因此这一年被称为日本的“机器人元年”。

20 世纪 80 年代初,美国通用汽车公司为汽车装配生产线上的工业机器人装备了视觉系统,于是具有基本感知功能的第二代工业机器人诞生了。与第一代工业机器人相比,第二代工业机器人不仅在作业效率、保证产品的一致性和互换性等方面性能更加突出，而且具有更强的外界环境感知能力和环境适应性，能完成更复杂的工作任务，因此不再局限于传统作业中重复简单动作的有限工种作业。

3.智能机器人阶段：1985 年至今

到了 20 世纪 80 年代中期，计算机技术和人工智能技术的初步发展，使机器人模仿人类进行逻辑推理的第三代智能机器人（见图 1-7）研究也逐步开展起来。应用人工智能、模糊控制、神经网络等先进的控制方法，在智能计算机控制下，利用多传感器感知机器人的本体状态和作业环境状态，在知识库的支持下进行推理，做出决断，实现对机器人进行多变量实时智能控制。智能机器人带有多种传感器，可以将传感器得到的信息进行融合，有效地适应变化的环境，因而具有很强的自适应能力、学习能力和自治能力。

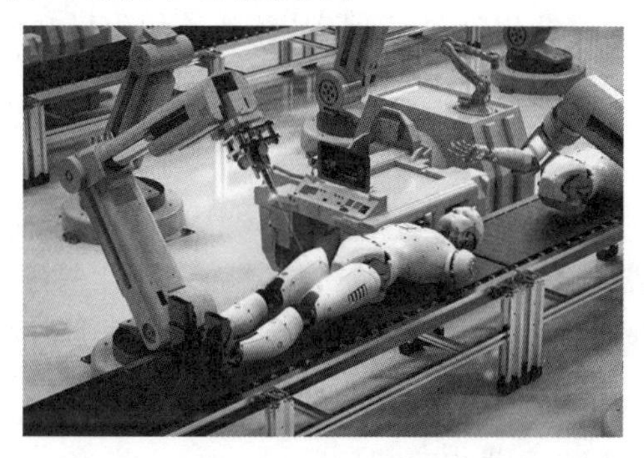

图 1-7　第三代智能机器人

2000 年以后，美国、日本等国家开始了智能军用机器人研究；2002 年，由美国波士顿动力公司和日本索尼公司共同申请了第一个“机械狗（Boston Dynamics Big Dog）”智能军用机器人专利，并于 2004 年在美国政府 DARPA/SPAWAR 计划的支持下又申请了一项智能军用机器人专利。

2016 年 3 月 2 日，波士顿动力公司研制出机器狗 Spot。Spot 是一款电动液压机器狗，它能走能跑，还能爬楼梯、上坡、下坡。2020 年 12 月 11 日，韩国现代汽车公司收购了波士顿动力公司；同年 12 月 30 日，波士顿动力公司发布了 Atlas、Spot 和 Handle 三款机器人随着歌曲展现多样舞姿的视频。2021 年 3 月 9 日，机器狗 Spot 配备了 5G 设备。波士顿动力机器人如图 1-8 所示。

图 1-8　波士顿动力机器人

# 任务二　国内工业机器人发展史及应用现状

## 一、国内工业机器人发展史

国内的工业机器人发展历程不同于国外，起步相对较晚，大致可分为 4 个阶段。

1.理论研究阶段：20 世纪 70 年代到 80 年代初

在这一阶段，国内主要进行工业机器人基础理论的研究，在机器人造助学、机构学等方面取得了一定的进展，为后续工业机器人的研究奠定了基础。

当时，在中国科学院沈阳自动化研究所原所长蒋新松的倡导和推动下，国内进行了第一次机器人学方面的探索和研究，并在机器人控制算法和控制系统原理设计等方面取得了一定的突破。

20 世纪 80 年代初期，我国进入了样机研发阶段。1982 年，中国科学院沈阳自动化研究所研制出第一台五轴工业机器人样机，拉开了我国机器人产业化的序幕。我国的工业机器人起步与发达国家相比晚了整整 20 年。当时发达国家的工业机器人正在快速升级，并逐渐成为一种常见的机械设备，被制造业广泛使用。

2.样机开发阶段：20 世纪 80 年代中后期

在这一阶段，国内工业机器人的研究得到了政府的重视和支持。国家组织了对工业机器人需求行业的调研，投入大量的资金开展工业机器人的研究。国内工业机器人发展进入了样机开发阶段。

1985 年，上海交通大学机器人研究所完成了“上海一号”弧焊机器人的研制，这是我国自主研制的第一台 6 自由度关节机器人；1988 年，上海交通大学机器人研究所又完成了“上海三号”机器人的研制。由于当时国内科研条件的限制，在多轴插补控制器、机器人关节减速机、驱动控制等方面的研究难以取得实质性的突破。同时，国内基本不具备支撑机器人产业化生产的条件，因此，这些研究只是作为前沿探索性的研究，并没有实现产业应用。

3.示范应用阶段：20 世纪 90 年代

我国在这一阶段研制出平面关节型统配机器人、直角坐标机器人、弧焊机器人、点焊机器人及自助引导类机器人等 7 种工业机器人系列产品，102 种特种机器人，实施了 100 余项机器人应用工程。为了促进国产机器人的产业化，20 世纪 90 年代末，我国建立了 9 个机器人产业化基地和 7 个科研基地。

1995 年 5 月，我国第一台高性能精密装配智能型机器人“精密一号”在上海交通大学诞生，它的诞生标志着我国已具有开发第二代工业机器人的技术。

4.初步产业化阶段：21 世纪以来

《国家中长期科学和技术发展规划纲要(2006—2020 年)》突出提高自主创新能力这一条

主线，着力营造有利于科技创新的社会环境，加快促进企业成为创新主体，以产学研紧密结合的技术创新体系为突破口，使国内一大批企业或自主研制或与科研院所合作，加入工业机器人研制和生产行列，我国工业机器人进入初步产业化阶段。

到了2023年，国内工业机器人行业具有代表性的机器人有新松机器人、华数机器人、伯朗特机器人、富士康机器人、埃夫特机器人、新时达机器人、埃斯顿机器人、格力机器人、广州数控机器人等。这些公司已经在机器人产业链中游和上游进行拓展，通过自主研发或收购等方式掌握零部件和本体的研制技术，结合本土系统集成的服务优势，已经具备了一定的竞争力。

## 二、国内工业机器人应用现状

随着科技的飞速发展，工业机器人已经成为国内现代制造业的重要组成部分，工业机器人的应用已经从最初的汽车制造、电子信息等领域扩展到了各行各业。

### 1.国内工业机器人市场规模持续扩大

近年来，国内工业机器人市场保持了快速增长的态势。根据相关数据显示，2023年中国工业机器人市场销量31.6万台，同比增长4.29%，预计2024年市场销量有望突破32万台，市场整体延续微增态势；2023年工业机器人内外资市场份额发生较大的变化，国产工业机器人份额首次突破50%，达到52.45%，从销量口径上创出新高。这一增长得益于国家对智能制造的大力支持，以及企业对提高生产效率、降低生产成本的需求。国内工业机器人市场规模在不断扩大，在国内市场上表现出了强劲的增长势头。

### 2.应用领域不断拓展

国家一直致力于推动制造业升级和自动化发展。《中国制造2025》将工业机器人作为关键技术之一，以促进制造业的智能化和高效化升级。这使得工业机器人在生产线上得到更广泛的应用，以提高生产效率和降低成本。目前，工业机器人主要应用于以下领域。

（1）汽车制造。汽车制造业是工业机器人应用最广泛的领域之一。在汽车焊接、涂装、装配等环节，工业机器人都发挥着关键作用，提高了生产效率和产品质量，工业机器人已经成为生产线上的主力军。

（2）电子信息。在手机、电脑等电子产品的生产过程中，工业机器人可以提高生产效率，降低生产成本，保证产品质量。

（3）机械制造。在机床、工程机械等领域，工业机器人可以实现高精度、高效率的生产作业。

（4）医药化工。在药品生产、化学品生产等领域，工业机器人可以提高生产效率，降低生产过程中的安全风险。

（5）食品。在食品生产、加工等领域，工业机器人可以实现自动化生产，保证产品的卫生安全。

### 3.技术创新能力不断提升

随着国内工业机器人市场的不断扩大，国内企业在技术创新方面取得了显著成果。目前，国内已经在机器人控制器、伺服电机、减速器等关键零部件领域取得了重要突破。此外，国内企业在机器人系统集成、智能化技术等方面也取得了一定的进展。通过技术创新、产品升级等手段，提升了在国际市场上的竞争力，推动了我国机器人产业的国际化发展。

4.产业链逐步完善

随着国内工业机器人市场的快速发展，我国已经形成了较为完善的产业链。从机器人核心零部件的研发、生产，到机器人系统集成、销售与服务，再到机器人应用示范与推广，产业链各环节都取得了长足的进步。这为我国工业机器人产业的发展提供了有力支撑。

# 任务三　国内工业机器人行业预测

我国生产制造智能化改造升级的需求日益凸显，工业机器人需求旺盛。目前，我国工业机器人市场保持向好发展，约占全球市场份额的1/3，是全球第一大工业机器人应用市场。

工业机器人较早服务于汽车工业，是目前应用范围最广、应用标准最高、应用成熟度最好的领域。随着信息技术、人工智能技术的发展，工业机器人逐步拓展至通用工业领域，其中以3C产品（计算机类、通信类、消费类电子产品）的自动化应用较为成熟。另外，在金属加工、化工、食品制造等领域中，工业机器人的使用密度也逐渐提升。

## 一、国产化自主进程提速

国内工业机器人的研发近年来着重突破关键技术难点，陆续攻克减速机、控制器、伺服电机等核心零部件领域“卡脖子”的共性难题，核心零部件国产化率不断提升，逐步形成自主可控的全产业链生态。国内企业加大研发投入为工业机器人国产化自主进程提速。

我国工业机器人行业呈现高速发展态势，工业机器人本体出货量增长带动国产核心零部件企业稳步发展。在三大核心零部件中，控制器产品在软件方面的响应速度、易用性、稳定性方面仍稍有欠缺，而硬件平台在处理性能和长时间稳定性方面已经与国外产品水平相当。目前在原本外资企业占据较大优势的伺服系统和减速器领域，国产企业经过多年积累和技术沉淀，已经逐步获得国际市场认可，产品竞争力及销量持续提升。在减速器方面，以苏州绿的、来福谐波、本润机器人为代表的国产企业经过多年技术积累，在模块化技术、柔轮生产过程工艺等方面实现连续突破。2019年生产的谐波减速器在性能与可靠性方面已经与国际产品持平，部分型号产品的使用寿命可以达到3万小时。在伺服电机领域，近年来，交流伺服电机相比直流伺服电机具有精度高、速度快、使用更方便等特点，因而逐渐成为国际主流产品。随着国内企业针对性地投入研发力量并在交流伺服电机核心技术上取得关键性突破，国内产品各项性能均有大幅提升，部分伺服产品速度波动率指标已经低于0.1%，国内外技术差距已经开始出现缩减趋势。

## 二、工业机器人共融为技术突破要点

工业机器人主要在结构化环境中执行确定性任务,在复杂动态环境中作业的情况不够灵活,是因为工业机器人在与环境的共融、与其他机器人之间协同方面感知能力较弱。随着传统工业机器人在机器视觉、智能传感与云计算等方面的技术发展,未来工业机器人将更智能化、柔性化,即由传统机器人向共融机器人优化。

我国中西部地区机器人产业发展起步相对较晚,但通过充分借鉴吸收国内先进地区的发展理念与成功经验,积极引进国内外机器人领军企业,开拓新型业务模式,可以为地区产业发展注入活力。长沙、成都、重庆等地已培育形成电子信息、工程机械、汽车及零部件、食品加工等多个千亿级制造业产业集群,大量的生产线升级需求使得机器人应用具有广阔的空间,是机器人及智能装备产业与传统制造业结合的理想区域。通过借鉴珠江三角洲地区依托本地工业基础雄厚、市场规模庞大的优势,大力发展机器人的经验做法,立足本地良好的制造业基础与应用市场支撑能力,同时利用本地化的人才优势和良好的创新创业环境,将其转化为科技优势和产业优势,衍生出众多机器人细分领域的领军企业和初创企业,打造了一批工业机器人企业集群和关键零部件企业集群,逐步构建了较为完善的机器人及智能装备产业链,产业集聚效应、辐射作用日益增强。

## 三、工业机器人产品多元发展

### 1.多关节机器人

中大负载机器人(≥20 kg)产品的市场增速由负转正,并开始逐渐放量,搬运及拆码垛机器人的应用需求将延续增长态势,多关节机器人,尤其是搭载3D视觉的机器人占比将大幅提升。

### 2.协作机器人

国产机器人的市场地位进一步巩固,协作机器人的产品形态将持续丰富,涵盖从负载、臂展、轴数、力控、传感器等多个维度的创新将持续发生,不可避免的是国产机器人厂商之间的竞争也将进入白热化阶段。此外,越来越多的国产机器人厂商在海外市场将有所突破。

### 3.SCARA机器人

SCARA(水平多关节)机器人开始从原来主攻的3C行业转变为3C行业与新能源行业。GGII(高工产业研究院)认为,市场格局的更大变数将来自于新能源行业,3C行业已有的优势或难以直接复制到新能源行业,但是对于具备高负载能力、高性价比与定制化开发能力的企业将会更有利。

### 4.并联机器人

我国并联机器人市场的发展较为良好,国产并联机器人企业正在逐渐增多,销量也呈现逐渐上涨的发展态势。但从另一角度来看,国内并联机器人企业之间的竞争日趋激烈,国外并联机器人企业亦占据了一定的市场,市场的发展趋势并非十分乐观。然而,正是企业之间的这种竞争关系,才使得国内并联机器人企业将焦点放在了质量和服务方面,致力于研发出质量更加良好的并联机器人,同时提高服务质量。

## 四、工业机器人在医疗领域的应用潜力有待挖掘

目前工业机器人主要应用于汽车行业,随着汽车行业工业机器人应用的饱和,工业机器人的应用开始向医疗行业深入发展。医疗工业机器人是指应用高新技术和智能化技术从事各种医疗行业相关工作的机器人,其主要应用于手术、康复、病理学、诊断等领域,为患者提供更加优质的医疗服务,同时也为医护人员提供更加人性化的工作环境。

### 1.手术领域

在手术领域,医疗工业机器人凭借其准确性和稳定性,越来越受到医疗行业的青睐。例如,达·芬奇(Da Vinci)机器人手术系统,是一种通过计算机和人工智能来实现微创手术的机器人系统。它可以精确地控制手术器械的移动,减少手术对患者的伤害,同时也能够提高手术的效率和成功率。此外,还有针对眼科手术的机器人系统和肝脏切除手术的机器人系统等,这些机器人系统的应用为患者带来了更加先进和有效的手术治疗服务。

### 2.康复领域

在康复领域,医疗工业机器人主要承担着患者的康复治疗工作。例如,现今应用广泛的康复训练机器人系统,可以为患者提供各种复杂的康复训练方案,包括骨骼、肌肉、关节和神经系统等各方面的训练。这些机器人系统可以针对患者的不同病情,定制个性化的治疗方案,以达到更好的治疗效果。

### 3.病理学领域

在病理学领域,医疗工业机器人可以实现对病理标本的自动采集和处理。例如,子宫肌瘤切除手术机器人系统,可以在手术中实现对病灶的切除,并且能对肿瘤标本进行自动化采集和处理,避免了传统手术方法下因为手部限制造成的标本切割不精准、标本蘸取错误、处理不当等问题。

### 4.诊断领域

在诊断领域,医疗工业机器人主要用于医学图像处理。例如,针对肺癌的机器人系统,可以通过 CT(电子计算机断层扫描)图像数据对患者肺部进行 3D 重建,在手术前、手术中预测肿瘤的位置和大小,使得手术能够更加精确和安全。

医疗工业机器人的应用可以为医疗行业带来许多显著的优势,它可以减轻医护人员的工作强度,为患者提供更加精准、高效和人性化的医疗服务,提高医疗行业的整体水平和质量。然而,机器人技术的应用还存在着一些挑战和风险,如安全性问题、技术更新等。

## 五、多行业促进工业机器人市场发展

越来越多的行业开始使用工业机器人,共同促进工业机器人的发展,使其摆脱了过度依赖

单一产业的局面。①新能源的爆发成为工业机器人发展的重要动力;②电子行业投资旺盛,将为工业机器人的增长提供持续动力;③多数行业正在加快“机器换人”的速度,如金属加工、医疗用品、食品、家用电器等行业。

汽车和3C电子一直都是工业机器人需求最为旺盛的行业。近年来,中国的新能源汽车、锂电、光伏等战略性新兴产业展现出强劲的发展势头,战略性新兴产业成为工业机器人应用新阵地。以节卡、新松、华数、埃夫特、艾利特、珞石、越疆、遨博等为代表的众多优秀机器人企业,纷纷布局新能源市场。

2023年第一季度,国产机器人龙头企业在锂电、光伏、汽车零部件等领域与外资加速交锋并抢占市场份额,并且在整车领域也开始渗透,国产化加快替代速度,因而内资市场份额增长了23%,达到40.8%。一季度新能源势头强劲,带动机器人的持续增长。

现如今,制造业产业升级已是大势所趋,工业机器人替代效应愈发明显,各行各业“机器换人”几乎势在必行,整个工业机器人市场呈现多元化持续扩张的趋势,同时推动着我国工业机器人市场规模快速增长。

# 任务四　国外工业机器人简介

## 一、ABB 工业机器人

世界上第一台工业机器人诞生于ABB(Asea Brown Boveri)公司,ABB公司是世界上最大的机器人制造公司之一,其机器人销量最多。ABB公司由两家拥有100多年历史的国际性企业——瑞典的阿西亚公司(ASEA)和瑞士的布朗勃法瑞公司(BBC Brown Boveri)在1988年合并而成,总部位于瑞士苏黎世。低压交流传动产品的研发中心位于芬兰的赫尔辛基;中压传动产品的研发中心位于瑞士;直流传动及传统低压电器等产品的研发中心位于德国的法兰克福。截至2023年,ABB公司已经拥有130多年的卓越历史,业务遍布全球100多个国家和地区,员工人数达12.4万。

ABB公司的工业机器人累计销售已超过250万台。ABB公司的工业机器人及其关键部件的研发和生产简况如下。

1969年:ASEA公司率先研制出了喷涂机器人,并在挪威投入使用。

1974年:ASEA公司研制出世界首台微机控制、全电气驱动的五轴涂装机器人IRB6。

1998年:ABB公司研制出了Flex Picker柔性手指和Robot Studio离线编程及仿真软件。

2005年:ABB公司在上海成立机器人研发中心,并建立了机器人生产线。

2009年:ABB公司研制出当时全球精度最高、速度最快、质量为25 kg的六轴小型工业机器人IRB 120。

2010 年:ABB 公司的大型工业机器人生产基地和喷涂机器人生产基地——中国机器人整车喷涂实验中心建成。

2011 年:ABB 公司研制出快速码垛机器人 IRB 460。

2014 年:ABB 公司研制出全球首台真正意义上可实现人机协作的工业机器人 YuMi。

ABB 公司致力于推动社会与行业转型,实现更高效、可持续的发展,其通过软件将智能技术集成到电气、机器人、自动化、运动控制产品及解决方案,不断拓展技术领域,提升绩效,达到新高度。ABB 工业机器人的核心技术和核心优势是运动控制系统。对于机器人来说,最大的难点在于运动控制系统。ABB 工业机器人不仅有全面的运动控制解决方案,其产品使用技术文档也相当专业和具体。产品重复定位精度高,从 0.01~0.07 mm各型号不等。ABB 公司还讲究工业机器人的整体特性,其运行速度和加速度快,在重视品质的同时也讲究工业机器人的设计,但配备高标准控制系统的 ABB 工业机器人价格昂贵。

经过多年的快速发展,ABB 公司在中国已拥有研发、制造、销售和工程服务等全方位的业务活动,27 家本地企业,1.5 万名员工遍布于近 130 个城市,线上和线下渠道覆盖全国约 700 个城市。

中国是 ABB 公司全球第二大市场,ABB 公司在中国超过 90% 的销售收入来源于本土制造的产品、系统和服务。作为数字化领域的技术领导企业,ABB 公司聚焦中国“新基建”,持续在数字化、工业互联网、人工智能、智能制造、智能交通与智慧能源基础设施等重点领域进行战略布局。

## 二、库卡工业机器人

库卡公司是一家自动化集团公司,在全球范围内拥有约 1.5 万名员工。库卡公司于 1898 年在德国巴伐利亚州的奥格斯堡(Augsburg)正式成立,取名为“Keller Und Knappich Augsburg”,简称 KUKA。库卡公司最初的主要业务为室内及城市照明,之后开始从事焊接设备、大型容器、市政车辆的研发和生产。

库卡公司的工业机器人研发始于 1973 年。1995 年,库卡公司机器人事业部与焊接设备事业部分离,成立库卡机器人有限公司。其产品规格全、产量大,是世界著名的工业机器人制造商之一。库卡公司的工业机器人及其关键部件的研发和生产简况如下。

1973 年:库卡公司率先研发出六轴机电驱动的工业机器人 FAMULUS。

1976 年:库卡公司研发出新一代六轴机电驱动带角手工业机器人 IR 6/60。

1985 年:库卡公司率先研制出具有 3 个平移自由度和 3 个转动自由度的 Z 型 6 自由度机器人。

1989 年:库卡公司研发出交流伺服驱动的工业机器人产品。

2007 年:“KUKA titan”六轴工业机器人研发成功,该产品被收入吉尼斯世界纪录。

2010 年:库卡公司研发出工作范围 3 100 mm、载重 300 kg 的 KR Quantec 系列大型工业机器人。

2012 年:库卡公司研发出小型工业机器人产品系列 KR Agilus。

2013 年:库卡公司研发出概念车 moiros,并获 2013 年汉诺威工业机器人应用方案冠军和 Robotics Award 大奖。

2014 年:德国徕斯(REIS)公司并入库卡公司。

库卡公司的主要客户来自汽车制造领域,同时公司也专注于向工业生产过程提供先进的自动化解决方案,还涉足医院的脑外科及放射造影。其橙黄色的机器人鲜明地代表了该公司的主色调。

库卡公司在重负载机器人领域做得比较好,在 120 kg 以上的机器人中,库卡公司和 ABB 公司的市场占有率居多,而在载重 400 kg 和 600 kg 的机器人中,库卡公司的销量是最多的。

## 三、发那科工业机器人

发那科公司的总部坐落在日本富士山下,得益于其在工业自动化领域的巨大成就,被人们称为“富士山下的黄色巨人”,发那科公司也是最早为人所熟知的真正使用机器人制造机器人的企业。发那科公司的工业机器人及其关键部件的研发和生产简况如下。

1972 年:发那科公司正式成立。

1974 年:发那科公司进入工业机器人的研发、生产领域,并从美国 GETTYS 公司引进了直流伺服电机的制造技术,对其进行商品化与产业化生产。

1977 年:批量生产、销售 ROBTO-MODEL 1 工业机器人。

1982 年:发那科公司和 GM 公司合资,在美国成立 GM Fanuc 机器人公司(GM Fanuc Robotics Corporation),专门从事工业机器人的研发和生产;同年,还成功研发出交流伺服电机产品。

1987 年:发那科公司和美国通用电气(General Electric,GE)公司合资,在美国成立 GE Fanuc 机器人公司(GE Fanuc Robotics Corporation),专注于数控机械的研发和生产。

1992 年:GE Fanuc 机器人公司不再是合资子公司,而成为发那科公司在美国的全资子公司;同年,和我国原机械电子工业部北京机床研究所合资,成立了北京发那科机电有限公司。

1997 年:发那科公司和上海电气集团合资,成立了上海发那科机器人有限公司,成为早期进入中国市场的国外工业机器人企业之一。

2003 年:智能工业机器人研发成功,并开始批量生产。

2008 年:工业机器人总产量位居世界前列,成为全球突破 20 万台工业机器人的生产企业。

2009 年:并联结构工业机器人研发成功,并开始批量生产。

2011 年:成为全球突破 25 万台工业机器人的生产企业,工业机器人总产量继续位居世界前列。

在工业机器人“四大家族”中,发那科公司的产品把工业感和设计感结合得最好,能够让人直观地辨别出是工业领域的产品,但又有一种无法描述的精致感。而这种精致感并不仅仅是工业设计的功劳,更多地来自于设计、制造、调试的良好平衡,这种平衡源于发那科公司的多年专注及上下游产业链整合。

发那科公司有三大紧密结合的业务板块,分别是数控系统及伺服系统、机器人和机床(CNC)。这三大板块的控制部分采用了统一的平台,从而能提高集成度,降低成本和集成难度。因此,发那科公司的机器人在上游有伺服系统和运动控制系统构成机器人控制器,还有机器人和机床负责机械的加工及生产;下游有巨量的机床集成应用支持。这种成本和技术上的优势是其他机器人厂家很难模仿和超越的。

## 四、安川工业机器人

安川公司成立于1915年,是全球著名的伺服电机、伺服驱动器、变频器和工业机器人生产厂家,其工业机器人的总产量位居世界前列,主要产品的技术水平居世界领先地位,同时也是早期进入中国的工业机器人企业。安川(中国)机器人有限公司是由日本株式会社安川电机在中国投资的五家子公司之一,秉承着以独特的技术为社会和公共事业作贡献的创业精神,主要以生产和销售工业机器人(含垂直多关节工业机器人、焊接机器人、控制系统)及其自动化设备系统为主。安川公司的工业机器人及其关键部件的研发和生产简况如下。

1915年:安川公司正式成立。

1954年:安川公司与德国BBC公司合作,开始研发直流电机产品。

1958年:发明直流伺服电机。

1977年:垂直多关节工业机器人MOTOMAN-L10研发成功,创立了MOTOMAN工业机器人品牌。

1983年:开始产业化生产交流伺服驱动产品。

1990年:带电作业机器人研发成功,MOTOMAN机器人中心成立。

1996年:北京工业机器人合资公司正式成立,成为早期进入中国的工业机器人企业。

2003年:安川MOTOMAN机器人总销量突破10万台,成为当时全球工业机器人产量领先的企业之一。

2005年:推出新一代双腕、七轴工业机器人,并批量生产。

2006年:安川MOTOMAN机器人总销量突破15万台,继续保持工业机器人产量全球领先地位。

2008年:安川MOTOMAN机器人总销量突破20万台,与发那科公司同时成为全球工业机器人总产量超过20万台的企业。

2014年:安川MOTOMAN机器人总销量突破30万台。

安川公司有自己的伺服系统和运动控制器产品,并且技术水平在日系品牌中处于第一梯队,因此安川机器人的总体技术方案与发那科非常相似,除减速器外,其他如控制器、伺服系统和机械设计等都由自己完成。

安川工业机器人的设计思路是简单够用,其核心技术特点在于稳定性好。在工业机器人“四大家族”中,安川工业机器人的综合售价最低。由于安川公司是从电机开始做起的,因此它可以把电机的转动惯量做到最大化,其研发的工业机器人的最大特点就是负载大、稳定性高,在满负载、满速度运行的过程中不会报警,甚至能够过载运行。但与发那科工业机器人相比,安川工业机器人的精度并不高。

# 项目测评

**1.理论部分**

上网查阅资料，撰写一篇近三年国内外工业机器人应用现状对比分析的背景调查论文，字数要求1 500字以上。

**2.实践部分**

上网查阅资料，列举工业机器人"四大家族"和国产工业机器人品牌及型号各一种，并写出其对应的性能指标和应用场合，填入表1-1。

**表1-1　不同品牌及型号工业机器人的性能指标及应用场合**

| 序　号 | 工业机器人品牌及型号 | 性能指标 | 应用场合 |
| --- | --- | --- | --- |
| 1 | | | |
| 2 | | | |
| 3 | | | |
| 4 | | | |
| 5 | | | |
| 6 | | | |

# 项目二　工业机器人认知

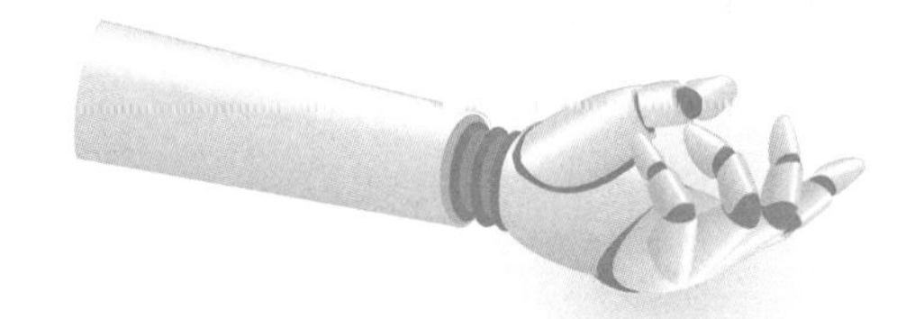

## 学思课堂

在智能机器人技术发展领域,“十四五”规划提出要突破先进控制器、高精度伺服驱动系统、高性能减速器等智能机器人关键技术,要加强关键核心技术攻关并加速智能制造装备和系统推广应用。

《5G 应用“扬帆”行动计划(2021—2023 年)》指出要推进 5G 技术与机器人的融合,不断丰富 5G 应用。党的二十大报告指出:“实施产业基础再造工程和重大技术装备攻关工程,支持专精特新企业发展,推动制造业高端化、智能化、绿色化发展。”智能服务机器人的环境感知、自然交互、自主学习、人机协作等关键技术将不断取得新的突破,科学技术水平的不断进步将带给工业机器人行业更广阔的发展蓝图。

## 学习目标

1.了解工业机器人的定义和分类。

2.了解工业机器人的组成和常用附件。

3.掌握工业机器人轴的定义。

4.掌握工业机器人坐标系的定义。

5.掌握工业机器人的选型标准。

6.掌握工业机器人的操作安全规范。

# 任务一　工业机器人本体、电气系统结构认知

## 一、工业机器人的定义

由于机器人的应用领域众多、发展速度快，并且涉及人类相关的概念，世界各国设立了不同的标准化机构，甚至在同一国家也存在不同的标准化机构，因此至今尚未形成一个统一、准确、被全球普遍认可的严格定义。

目前，使用较多的机器人定义主要有以下 5 种。

1. 国际化标准组织 ISO(International Organization for Standardization)定义

机器人是一种“自动的、位置可控的、具有编程能力的多功能机械手，这种机械手具有三个及以上关节轴，能够借助可编程序操作来处理各种材料、零件、工具和专用装置，执行各种任务”。

2. 日本机器人协会 JRA(Japan Robot Association)定义

机器人分为工业机器人和智能机器人两大类。工业机器人是一种“能够执行人体上肢(手和臂)类似动作的多功能机器”；智能机器人是一种“具有感觉和识别能力，并能够控制自身行为的机器”。

3. 美国国家标准局 NBS(National Bureau of Standards)定义

机器人是一种“能够进行编程，并在自动控制下执行某些操作和移动作业任务的机械装置”。

4. 美国机器人协会 RIA(Robotics Industries Association)定义

机器人是一种“用于移动各种材料、零件、工具或专用装置的，通过可编程的动作来执行各种任务的，具有编程能力的多功能机械手”。

5. 中国国家标准化管理委员会 SAC(Standardization Administration of the People′s Republic of China)定义

中华人民共和国国家标准《机器人与机器人装备　词汇》(GB/T 12643—2013)定义：工业机器人是一种能够“自动控制的、可重复编程、多用途的操作机，可对三个或三个以上轴进行编程”。

以上标准化机构和不同组织对机器人的定义，都是在特定环境、特定时间下得到的结论，且偏重于工业机器人。科学技术对未来是无限开放的，最新的现代智能机器人无论在外观，还是功能和智能化程度等方面，都已超出了传统工业机器人的范畴。机器人正在不断地向人类活动的各个领域渗透，它所涵盖的内容越来越丰富，其应用领域和发展空间也在不断地延伸和扩大，这是机器人与其他自动化设备的重要区别。

## 二、工业机器人的分类

工业机器人的分类形式有多种，常见的分类形式有按照操作机坐标形式分类、按照驱动方

式分类、按照控制方式分类和按照典型应用分类。

### (一)按照操作机坐标形式分类

#### 1.直角坐标型工业机器人

直角坐标型工业机器人如图 2-1 所示,其运动部分由 3 个相互垂直的直线移动(PPP)组成,工作空间图形为长方形。它在各个轴向的移动距离可在各个坐标轴上直接读出,具有直观性强、对位置和姿态易于编程计算、定位精度高、控制无耦合、结构简单等优点。但其机体所占空间体积大、动作范围小、灵活性差,难以与其他工业机器人协调工作。

图 2-1 直角坐标型工业机器人

#### 2.圆柱坐标型工业机器人

圆柱坐标型工业机器人如图 2-2 所示,其运动形式是通过 1 个转动和 2 个移动(RPP)组成的运动系统来实现的,工作空间图形为圆柱。与直角坐标型工业机器人相比,在相同的工作空间条件下,其机体所占空间体积虽小,但运动范围大,位置精度仅次于直角坐标型工业机器人,也难以与其他工业机器人协调工作。

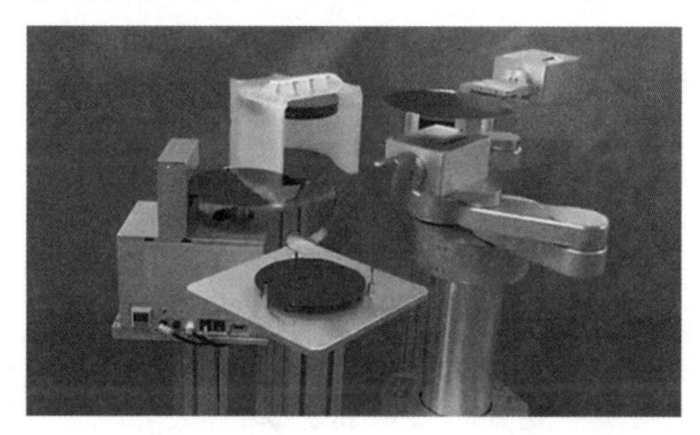

图 2-2 圆柱坐标型工业机器人

#### 3.球坐标型工业机器人

球坐标型工业机器人又称极坐标型工业机器人,其手臂的运动由 2 个转动和 1 个直线移动(RRP,即 1 个回转,1 个俯仰和 1 个伸缩运动)组成,工作空间为球体。它既可以做上下俯仰动作,也可以抓取地面上或较低位置的协调工件,位置精度高,位置误差与臂长成正比。球坐标型工业机器人原理图如图 2-3 所示。

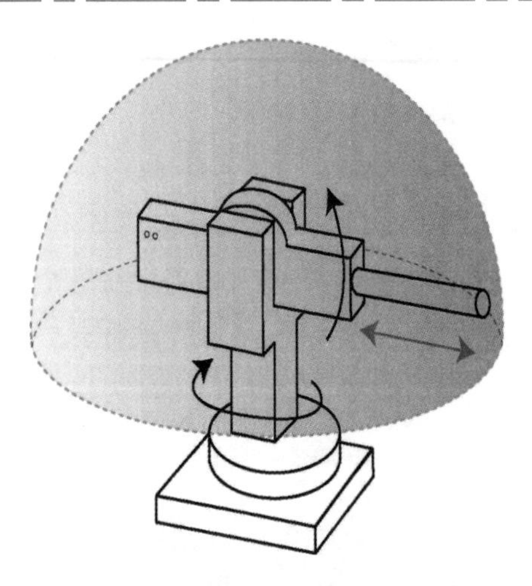

图 2-3　球坐标型工业机器人原理图

4.多关节型工业机器人

多关节型工业机器人又称回转坐标型工业机器人,常见的有华数 JR 六轴机器人系列,如图 2-4 所示。这种工业机器人的手臂与人体上肢类似,其前 3 个关节是回转副(RRR)。该工业机器人一般由立柱和大小臂组成,立柱与大臂间形成肩关节,大臂与小臂间形成肘关节,可使大臂做回转运动和俯仰摆动,小臂做仰俯摆动。它具有结构紧凑、灵活性大、占地面积小,能与其他工业机器人协调工作的优点,但其位置精度较低、有平衡问题、控制耦合。目前这种工业机器人的应用越来越广泛。

图 2-4　华数 JR 六轴机器人

5.平面关节型工业机器人

平面关节型工业机器人采用 1 个移动关节和 2 个回转关节(PRR),移动关节实现上下运动,2 个回转关节则控制前后、左右运动,如图 2-5 所示。这种形式的工业机器人又称 SCARA (Selective Compliance Assembly Robot Arm,选择顺应性装配机器手臂)装配机器人,其在水平方向具有柔顺性,而在垂直方向有较大的刚性。它具有结构简单、动作灵活的优点,多用于装配作业,特别适合小规格零件的插接装配,如在电子工业的插接、装配中应用广泛。

图 2-5　平面关节型工业机器人

### （二）按照驱动方式分类

1.电机驱动工业机器人

电机驱动所用能源简单，可以通过电力驱动工业机器人的关节运动，按照编程程序进行路径行走，该驱动方式较为方便、简单。电机驱动可以提高工业机器人的运行速度及运行精度，在操作中减少噪声。工业机器人在工作中基本可达到静音状态，营造良好的工作环境。用交流或直流伺服电机驱动的工业机器人，不需要中间转换机构，其机械结构简单、响应速度快、控制精度高，是近年来常用的工业机器人传动结构。

2.液压驱动工业机器人

液压驱动，即以液体作为工作介质，利用泵体对液体形成压力，将压力转换成动力对工业机器人进行驱动。液压驱动可以通过较小的驱动力形成较大的动力，以获取较大的功率，带动工业机器人完成相应工作。它具有负载能力强、传动平稳、结构紧凑、动作灵敏等特点，适用于重载、低速驱动场合。与电机驱动相比，液压驱动会因液体的流动性及不可控性而导致工业机器人工作质量不稳定。

3.气压驱动工业机器人

气压驱动是指利用空气作为工作介质，压缩空气形成压力，来带动机器人的运行。空气随处可在，采用气压驱动的方式具备能量储蓄简单的优点，对环境污染程度低，具有动作迅速、结构简单、成本低廉的特点，适用于在高速轻载、高温和粉尘大的环境下作业。

气压驱动可以控制成本支出，利用工厂集中的空气压缩机站供气，不必添加动力设备，但是空气压缩性大，速度较难控制，易导致出现工作缺陷。

不同类型的工业机器人采用不同的驱动方式，以应用到不同的领域。在电机驱动技术成熟之前，市场中普遍使用液压驱动方式。随着电机驱动方式的不断发展，工业机器人具备了高运动精度、低维护成本、高驱动效率等优点，适用于众多领域。

### （三）按照控制方式分类

1.点位置控制工业机器人

点对点（Point-To-Point，PTP）控制：通过控制工业机器人末端执行器在工作空间内某些指定离散点的位置和姿态，能够从一个点移动到另一个点，这些位置都将被记录在控制存储设备中。点位置控制工业机器人不控制从一个点到下一个点的路径，其常见应用包括元件插入、点焊、钻孔、机器装卸和粗装配操作等。

2.连续轨迹控制工业机器人

连续轨迹（Continuous Path，CP）控制：这种控制方式是对工业机器人末端执行器在作业空间中的位置和姿态进行连续的控制，要求其严格按照预定的轨迹和速度在一定的精度范围内运动，而且速度可控，轨迹光滑，运动平稳，以完成作业任务。工业机器人各关节连续、同步地进行相应的运动，其末端执行器即可形成连续的轨迹。这种控制方式的主要技术指标是工业机器人末端执行器位置和姿态的轨迹跟踪精度及平稳性，通常弧焊、喷涂、去毛边和检测作业机器人都采用这种控制方式。

3.扭矩控制工业机器人

扭矩控制方式在组装、放置工件时，除需要准确定位外，还要求使用的力要合适。这种控制方式与位置伺服控制原理基本一致，但反馈非位置信号。因而，系统中必须使用扭矩传感器。有时还需采用接近、滑移等传感器功能来实现自适应控制。

（四）按照典型应用分类

1.搬运机器人

搬运机器人用途很广泛，一般只需要点位控制，即被搬运工件无严格的运动轨迹要求，只要求起点和终点的位置准确。目前，世界上已经使用的搬运机器人超过10万台，被广泛应用于机床上下料、冲压机自动化生产线、自动装配流水线、码垛搬运、集装箱等自动搬运工作。华数HSR-MD4110码垛机器人如图2-6所示。

图2-6 华数HSR-MD4110码垛机器人

2.检测机器人

零件制造过程中的检测及成品检测都是保证产品质量的关键。这类机器人的工作内容主要是确认零件尺寸是否在允许的公差内，或者控制零件按质量进行分类。视觉检测机器人如图2-7所示。

图 2-7　视觉检测机器人

3.焊接机器人

焊接机器人是目前应用最广泛的一种机器人,它又分为电焊机器人和弧焊机器人两类。电焊机器人负荷大、动作快,对于工作的位置和姿态要求严格,一般有 6 个自由度。弧焊机器人负载小、速度慢。弧焊对机器人的运动轨迹要求严格,必须实现连续路径控制,即在运动轨迹的每个点都必须实现预定的位置和姿态要求。目前,汽车制造企业已广泛使用焊接机器人进行承重大梁和车身的焊接。华数 HSR-JR605 焊接机器人如图 2-8 所示。

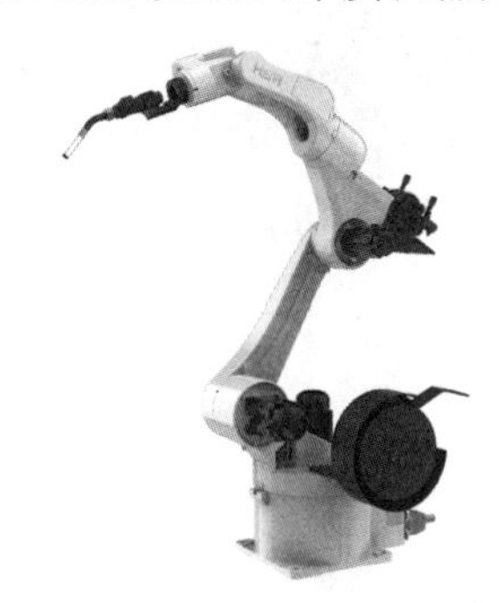

图 2-8　华数 HSR-JR605 焊接机器人

4.装配机器人

装配机器人要求具有较高的位置和姿态精度,手腕具有较大的柔性。因为装配是一个复杂的作业过程,不仅要检测装配作业过程中的误差,而且要纠正这种误差,所以装配机器人采用了许多传感器,如接触传感器、视觉传感器、接近传感器、听觉传感器等。华数HSR-SR3400 通用工业机器人如图 2-9 所示。

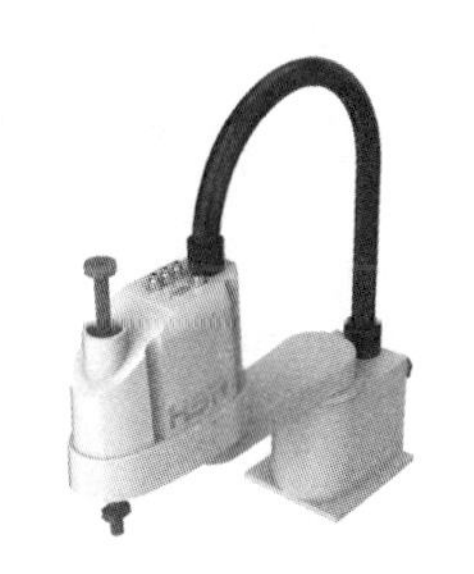

图 2-9　华数 HSR-SR3400 通用工业机器人

5.喷涂机器人

喷涂机器人广泛应用于汽车、仪表、电器、搪瓷等工艺生产部门。喷涂机器人一般采用液压驱动,具有动作速度快、防爆性能好等特点,可通过手把手示教或点位示教方式来实现示教。这种工业机器人多用于喷涂生产线上,重复定位精度不高。另外,由于漆雾易燃,因此驱动装置必须防燃防爆。发那科喷涂机器人如图 2-10 所示。

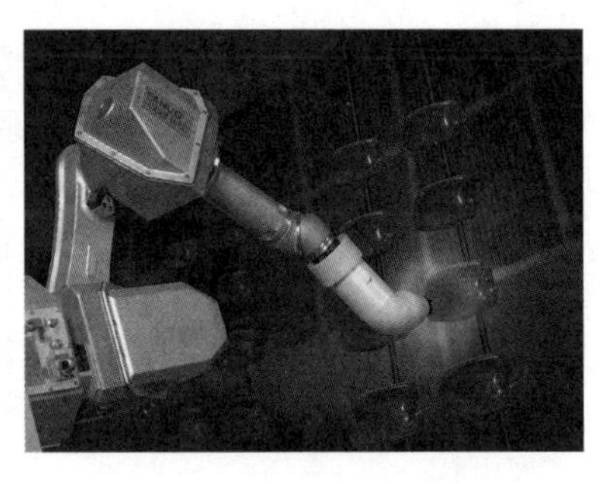

图 2-10　发那科喷涂机器人

## 三、工业机器人系统组成

工业机器人系统主要由工业机器人本体、控制系统(控制柜)、示教器 3 个部分组成,如图 2-11所示。工业机器人系统由线缆连接而成,小型六轴机器人如图 2-12 所示。

(1)工业机器人本体的主要部件包括机器人关节、线束伺服电机和减速机。

(2)控制系统的核心部件包括控制器、驱动器、I/O 模块;电气部件包括断路器、接触器、继电器等。

(3)示教器主要是进行机器人的相关操作,包括程序、示教、参数设置等。

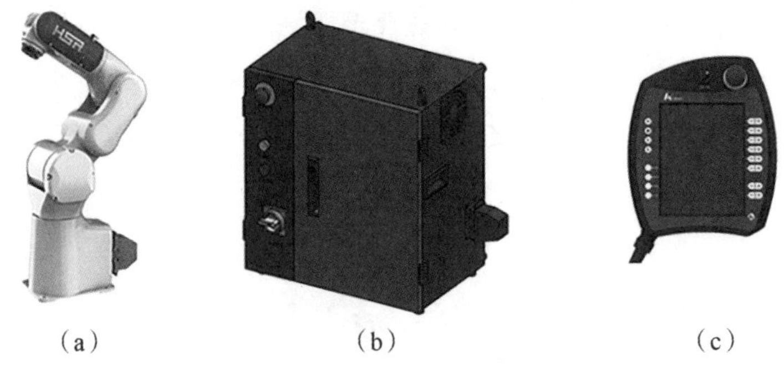

(a)　(b)　(c)

图 2-11　工业机器人系统组成
(a)机器人本体;(b)控制系统;(c)示教器

图 2-12　线缆连接而成的小型六轴机器人

### （一）工业机器人本体

工业机器人本体又称操作机，它是用来完成各种作业的执行机构，工业机器人本体主要由机械臂、驱动系统、传动单元和传感器等组成。

#### 1.机械臂

机械臂共包含 6 个关节 7 个部分，从底座向末端依次为底座、肩关节、大臂、肘关节、小臂、手腕和法兰，如图 2-13 所示。

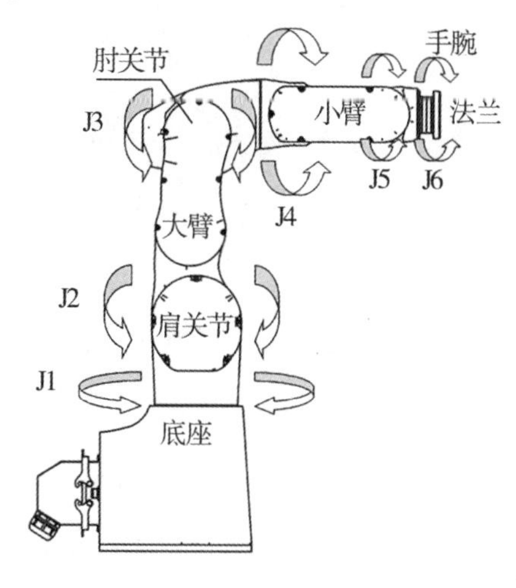


图 2-13 机械臂结构

#### 2.驱动系统

工业机器人驱动系统的作用是为执行元件提供动力，常用的驱动方式有液压驱动、气压驱动和电机驱动 3 种类型。工业机器人多采用电机驱动方式，其中交流伺服电机应用最广，并且驱动器布置一般采用 1 个关节 1 个驱动器。

#### 3.传动单元

工业机器人广泛采用的机械传动单元是减速器，应用在关节型机器人上的减速器主要有两类：RV（Rotary Vector，旋转矢量）减速器和谐波减速器。

（1）RV 减速器。RV 减速器由 1 个行星齿轮减速器的前级和 1 个摆线针轮减速器的后级组成，是一个结构紧凑、传动比大，以及在一定条件下具有自锁功能的传动机械，而且其振动小、噪声低、能耗低，是最常用的减速器之一。RV 减速器如图 2-14 所示。

图 2-14 RV 减速器

（2）谐波减速器。谐波减速器通常由3个基本构件组成，包括1个有内齿的刚轮，1个工作时可产生径向弹性变形且带有外齿的柔轮，以及1个装在柔轮内部、呈椭圆形、外圈带有柔性滚动轴承的波发生器。谐波减速器如图2-15所示。在这三个基本构件中，可任意固定其中1个，剩余的1个为主动件，1个为从动件。

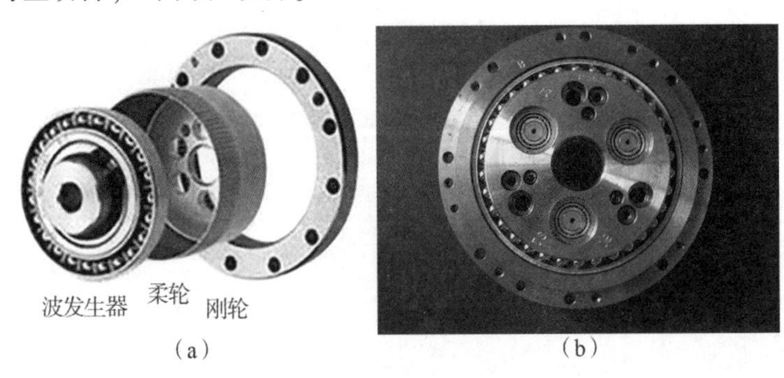


图2-15 谐波减速器

4.传感器

传感器处于连接外界环境与机器人的接口位置，是机器人获取信息的窗口。根据传感器在机器人上应用的目的与使用范围不同，可将其分为内部传感器和外部传感器两类。

（1）内部传感器。内部传感器用于检测机器人自身的状态，如关节传感器和角度传感器。

（2）外部传感器。外部传感器用于检测机器人所处的环境和对象状况，如视觉传感器。外部传感器可为高端机器人控制提供更多的适应能力，也为工业机器人增加了自动检测能力。外部传感器可进一步分为末端执行器传感器和环境传感器。

（二）控制系统

机器人控制系统，主要由控制器（Intelligent Protocol Controller，IPC）、驱动器、I/O总线控制器模块、接触器、继电器、控制面板等辅助电气连线组成，如图2-16所示。

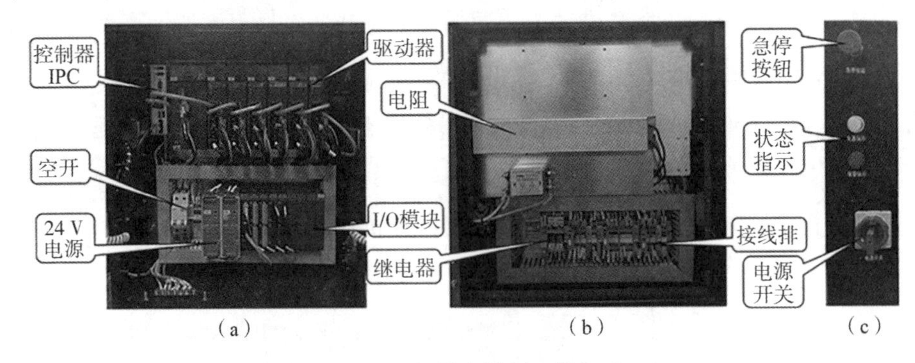


图2-16 机器人控制系统组成

1.控制器

控制器是根据指令及传感器信息控制机器人本体完成一定动作的装置，是决定机器人功能和性能的关键部分，也是工业机器人更新和发展最快的部分。华数Ⅲ型工业机器人控制器如图2-17所示。

华数Ⅲ型工业机器人控制系统（简称 HSC3 控制系统）采用开放式、模块化的体系结构，基于工业嵌入式硬件平台，融合了多元突破的运动学和动力学技术，配备了丰富的工艺解决软件和调试软件，可适配各类工业机器人、协作机器人，广泛应用于搬运、码垛、装配、焊接、喷涂、切割、抛光打磨等领域。

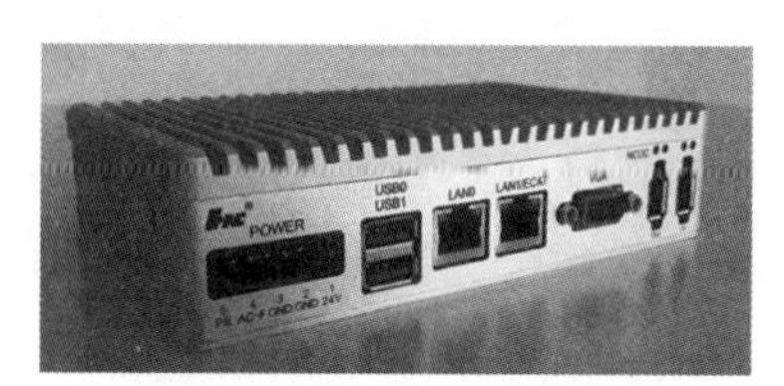


图 2-17　华数Ⅲ型工业机器人控制器

在传统运动控制基础上，HSC3 控制系统加入了智能感知和控制、人机协作技术，可在毫秒之间完成人机交互，保证用户与设备的安全。除此之外，HSC3 控制系统还构建了机器人“大脑-小脑”的云端边系统架构，基于工业大数据技术建立机器人数字模型，可在云端实现机器人远程运维与健康评估。

HSC3 控制系统具有以下特点。

（1）高速高精。独特的全局运动规划与精确的动力学建模，在最大程度上发挥机器人的机电特性；力矩前馈控制保证高速重载的精确 TCP（Tool Centre Point，工具中心点）控制；支持PUMA（可编程通用装配操作手）、DELTA（三角式）、SCARA（水平多关节）等主要机器人模型及非标机器人。

（2）安全高效。融合工业与协作的特点，具备碰撞检测、视觉监控、拖动示教功能，兼顾效率与安全。

（3）简明易用。丰富的工艺软件库，涵盖码垛、焊接、涂胶、视觉等常规工艺包；完善的桌面示教软件，增强工程化调试操作；精练简约的机器人编程语言 HRL（High Robot Language，高级机器人语言）及梯形图，轻松实现应用；无需总控 PLC，自带通用 PLC 控制。

（4）灵活开放。多层次软硬件开放平台，支持多传感器接入，多种工业总线；支持 C++、C#、Java 二次开发，无缝连接 ROS（机器人操作系统）、V-REP（虚拟机器人实验平台）；支持动态库嵌入加载定制模块、工艺包集成定制开发。

（5）多元智能。支持力矩、视觉、自然语言等多维感知的交互系统；拥有基于数据驱动的机械本体远程运维与健康评估云平台。

（6）结构紧凑。控制器结构紧（163 mm×105 mm×40 mm），便于安装；基于嵌入式工业芯片，接口丰富、标准化，可靠性高。

HSC3 控制系统通过这些软件和硬件的结合来操作机器人，并协调机器人与其他设备之间的关系。

2.驱动器

伺服驱动器(servo drives)又称为伺服控制器、伺服放大器,是用来控制伺服电机的一种控制器。它的功能类似于变频器,作用于普通交流电动机,属于伺服系统的一部分,主要应用于高精度的定位系统。伺服驱动器一般通过位置、速度和力矩三种方式对伺服电机进行控制,实现高精度的传动系统定位,目前是传动技术的高端产品。

目前主流的伺服驱动器均采用数字信号处理器(Digital Signal Processor,DSP)作为控制核心,可以完成比较复杂的控制算法,实现数字化、网络化和智能化。功率器件普遍采用以智能功率模块(Intelligent Power Module,IPM)为核心设计的驱动电路,IPM 内部集成了驱动电路,同时具有过电压、过电流、过热、欠压等故障检测保护电路,在主回路中还加入了软启动电路的功能,以减小启动过程对驱动器的冲击。

功率驱动单元首先通过三相全桥整流电路对输入的三相电或市电进行整流,得到相应的直流电。经过整流好的三相电或市电,再通过三相正弦 PWM(Pulse Width Modulation,脉冲宽度调制)电压型逆变器变频来驱动三相永磁式同步交流伺服电机。功率驱动单元的整个过程简单来说就是 AC-DC-AC(交流-直流-交流)变换的过程。整流单元(AC-DC)变换主要的拓扑电路是三相全桥不控整流电路。

华数机器人采用 HSV-150 系列伺服驱动器,如图 2-18 所示,具有以下特点。

(1)结构紧凑、体积小巧,易于安装、拆卸。

(2)支持 EtherCAT、CAN 总线通信方式;支持转矩控制、速度控制、位置控制。

(3)电机相序自动检测,控制参数自动调整。

(4)支持多种反馈编码器,包括增量式编码器、霍尔传感器、旋转变压器、正弦编码器、SSI(同步串行接口)编码器等。

(5)支持欠压和过压、过流、驱动器和电机过温、电机折返、驱动器折返、反馈缺失、第二编码器缺失、STO(安全转矩关闭)信号未连接、未配置、电路故障、电机缺相等保护功能。

(6)参数调试软件,通过 USB 接口连接伺服电机,支持参数自整定等特点。

图 2-18　HSV-150 系列伺服驱动器

3.I/O 总线控制器模块

I/O 总线控制器模块是工业自动化系统中的关键组件,其主要功能是 I/O 集成。I/O 总线控制器模块通过支持多种 I/O 接口和协议,实现了各种数字和模拟信号的集成和控制。它能够与各种传感器、执行器和其他设备进行通信和数据交换。

I/O 总线控制器模块具有以下特点。

(1)实时性。I/O 总线控制器模块具备快速响应和高速数据传输的能力,能够满足工业自动化系统对实时性的要求。它能够及时采集和处理 I/O 信号,并向控制系统提供准确的数据。

(2)可编程性。I/O 总线控制器模块通常具备可编程的功能,可以通过编程方式配置和控制不同类型的 I/O 设备,这使得它可以灵活地适应各种工业自动化应用需求。

(3)扩展性。I/O 总线控制器模块支持多种扩展接口和模块化设计,可以方便地扩展 I/O 通道的数量和功能,能够满足工业自动化系统的不断变化和扩展需求。

华数机器人采用 HIO-1100 总线式 I/O 模块,如图 2-19 所示,特点包括:①支持 EtherCAT 现场总线;②可随意配置扩展模块,方便用户按照需求搭配输入、输出模块;③支持模拟量的输入输出模块;④高可靠性,经过严格的三防处理;⑤高稳定性、输入滤波及掉电保护功能。

图 2-19　HIO-1100 总线式 I/O 模块

(三)示教器

示教器又称示教编程器,是机器人系统的核心部件,主要由液晶屏幕和操作按钮组成,可由操作者手持移动,如图 2-20 所示。示教器是机器人的人机交互接口,机器人的所有操作都是通过示教器来完成的,如编写、测试和运行机器人程序,设定、查阅机器人状态设置和位置等。

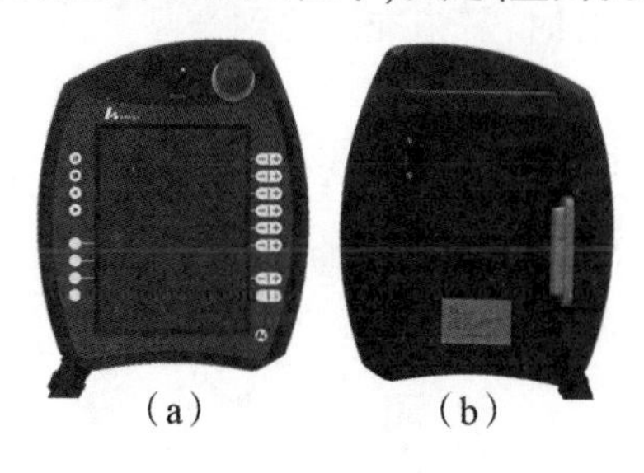

(a)　　(b)

图 2-20　示教器

示教器主要配置包括:①采用触摸屏+周边按键的操作方式;②8 寸触摸屏;③多组开关;

④急停开关;⑤钥匙开关;⑥三段式安全开关;⑦USB 接口。

## 四、工业机器人轴的定义

工业机器人轴是指工业机器人中用于连接和传递动力的旋转部件。这些轴具备一定长度和直径,通常为圆柱形,用于支撑和驱动其他机械组件的运动。

(1)工业机器人轴既可以为旋转轴,也可以为平移轴,轴的运行方式由机械结构决定。

(2)工业机器人轴分为机器人本体的运动轴和外部轴。

(3)工业机器人外部轴又分为滑台和变位机。

(4)如果不特别指明,则工业机器人轴是指机器人本体的运动轴。

常见的六轴关节机器人内置有 6 个伺服电机,直接通过减速器、同步带轮等驱动 6 个关节轴的旋转。六轴工业机器人一般有 6 个自由度,包含旋转(1 轴),下臂(2 轴)、上臂(3 轴)、手腕旋转(4 轴)、手腕摆动(5 轴)和手腕回转(6 轴),其各轴示意图如图 2-21 所示。

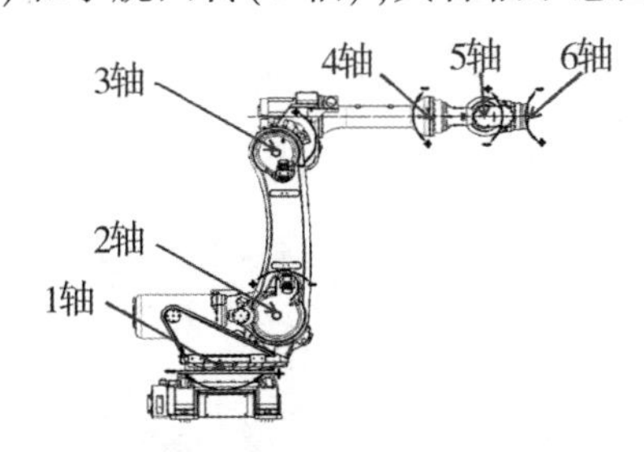


图 2-21　六轴工业机器人各轴示意图

1 轴:连接底盘的位置,也是承重和核心位置,它承载着整个机器人的重量和机器人左右水平的大幅度摆动。

2 轴:用于控制机器人前后摆动、伸缩。

3 轴:用于控制机器人前后摆动,但摆动幅度比 2 轴要小很多,这也是六轴机器人臂展长的原因。

4 轴:用于控制上臂部分 180°自由旋转,相当于人的小臂部分。

5 轴:很重要,当位置马上调好时,需精准定位到产品上,就需要用到第 5 轴,它相当于人的手腕部分。

6 轴:将 5 轴定位到产品上之后,需要做一些微小的改动,此时将用到 6 轴。6 轴相当于一个可以水平旋转 360°的转盘。6 轴可以更精确地定位到产品。

## 五、工业机器人坐标系

坐标系是为确定机器人的位置和姿态而在机器人或空间上进行定义的位置指标系统。华数工业机器人坐标系分为轴坐标系、世界坐标系(world)、基(工件)坐标系(base)、工具坐标系(tool),如图 2-22 所示。

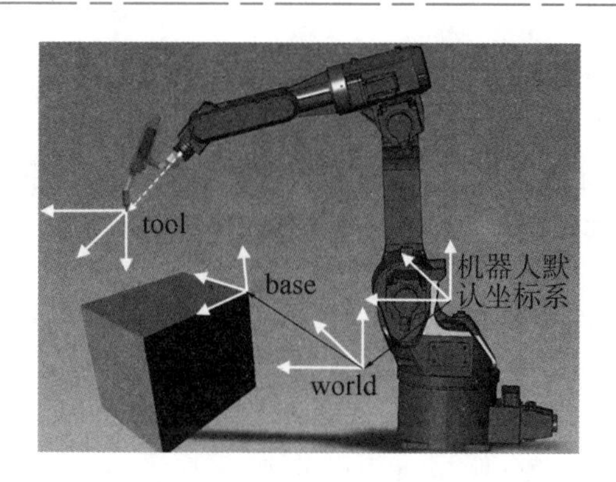


图 2-22　机器人坐标系

（一）轴坐标系

机器人沿各轴轴线进行单独动作，所使用的坐标系称为轴坐标系，在其他机器人系统中被称为关节坐标系。轴坐标系是每个轴相对其原点位置的绝对角度，在机器人调试完成后就设定完成，不可更改。轴坐标系是华数机器人默认的坐标系，六轴工业机器人轴坐标系中各轴方向如图 2-23 所示。

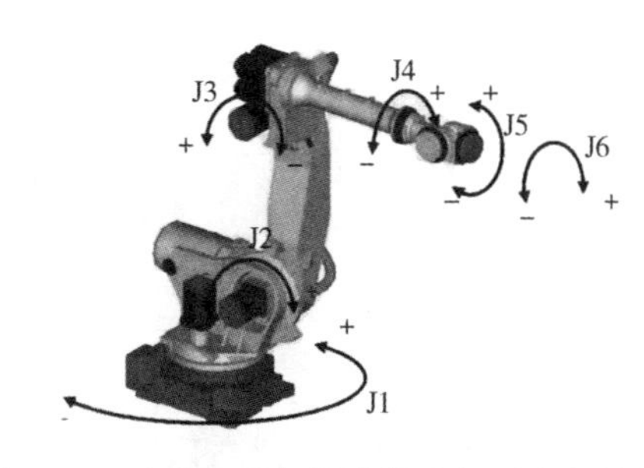


图 2-23　六轴工业机器人轴坐标系中各轴方向

（二）世界坐标系

世界坐标系是一个固定在机器人底座上的笛卡儿坐标系。每种机器人对应的世界坐标方向不同，对应的世界坐标原点位置也不同。机器人相关参数设定完成后，世界坐标的零点和方向就已确定，在不修改参数的情况下无法修改世界坐标。不管机器人处于什么位置，均可沿设定的 *X* 轴、*Y* 轴、*Z* 轴平行移动。对于六轴机器人，还可执行 *A*、*B*、*C* 旋转，*A* 轴绕 *X* 轴旋转，*B* 轴绕 *Y* 轴旋转，*C* 轴绕 Z 轴旋转，其世界坐标系如图 2-24 所示。遵从右手定则：竖起右手拇指、食指和中指，在空间使其两两垂直，食指指向 *Y* 轴正方向，中指指向 *Z* 轴正方向，拇指指向 *X* 轴正方向，如图 2-25 所示。

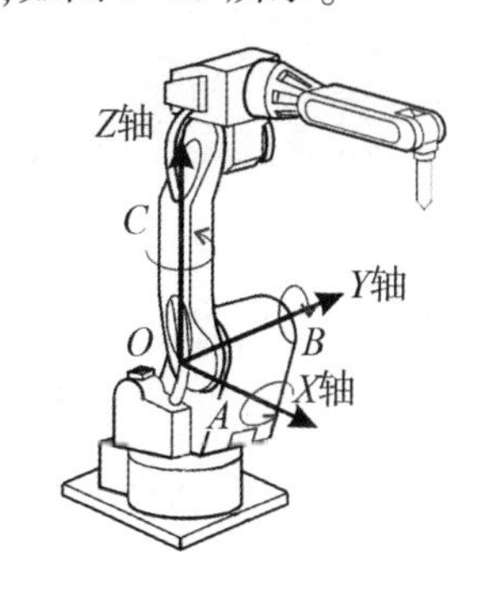


图 2-24　六轴工业机器人世界坐标系

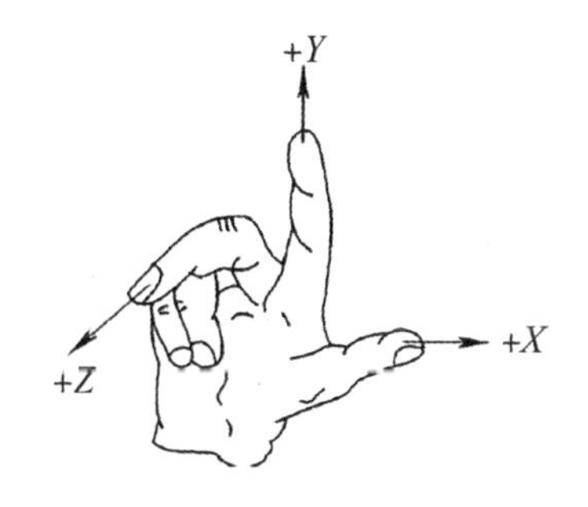


图 2-25　六轴工业机器人右手定则

（三）基（工件）坐标系

基坐标系是一个笛卡儿坐标系，用于说明工件的位置。机器人基坐标系是由工件原点与坐标方位组成的。

机器人程序支持多个工件,可以根据当前工作状态进行变换。

外部夹具被更换,重新定义基坐标系后,可以不更改程序,直接运行。

通过重新定义基坐标系,可以简便地完成一个适合多台机器人的程序,如图 2-26 所示。

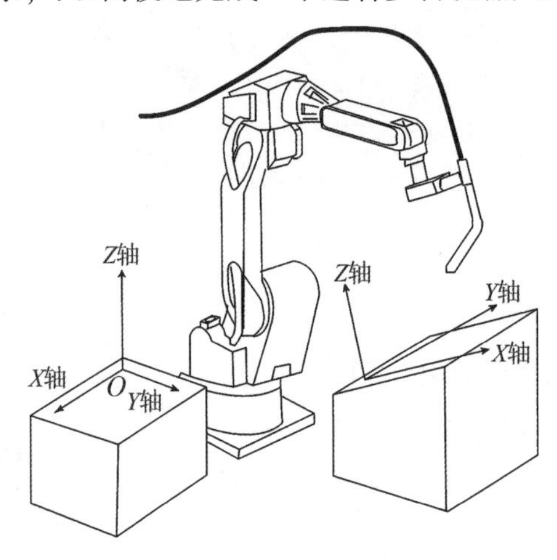


图 2-26　不同工件的基坐标系

### (四)工具坐标系

工具坐标系是一个笛卡儿坐标系。工具坐标系是以 TCP 为原点建立的坐标系。

工具中心点是工具坐标系的原点,是工业机器人的关键技术之一。TCP 的设定方便了编程和调整程序:当机器人运动时,机器人的位置、路径、精度、速度,就是 TCP 的位置、路径、精度、速度。

一台工业机器人初始或默认的工具中心点是手腕法兰的中心位置,在加载末端执行器之后,工具中心点需要重新定义在工具上,同时,一台工业机器人可以定义多个工具中心点,但是同一时间,只能激活一个 TCP。默认 TCP 与工具坐标系如图 2-27 所示。

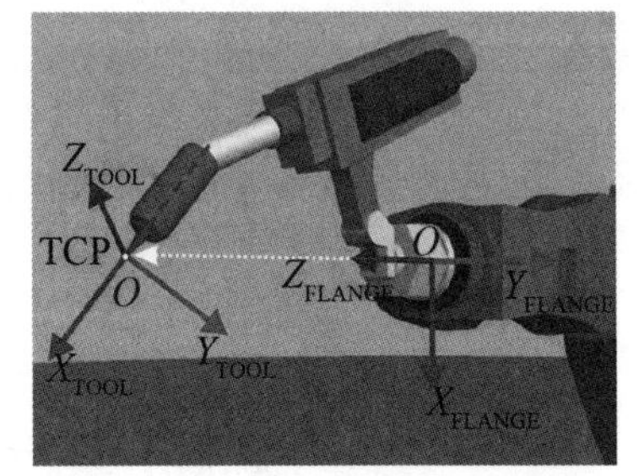


图 2-27　默认 TCP 与工具坐标系

## 六、常用附件

工业机器人常用的机械附件主要有变位器和末端执行器两大类。变位器主要用于机器人整体移动或协同作业,它既可以选配机器人生产厂家的标准部件,也可以根据用户需要进行设计、制作;末端执行器是安装在机器人手部的操作机构,它与机器人的作业要求、作业对象密切相关,一般需要由机器人制造商和用户共同设计与制造。

### (一)变位器

变位器是用于机器人或工件整体移动,进行协同作业的附加装置,可根据需要进行选配。通过选配变位器,可以增加机器人的自由度和作业空间。此外,还可以实现作业对象或其他机器人的协同运动,增强机器人的功能和作业能力。简单机器人系统的变位器一般由机器人控制器进行控制,多机器人复杂系统的变位器需要由上级控制器进行集中控制。

根据用途,机器人变位器可分为专用型和通用型两类。专用型变位器一般用于作业对象的移动,其结构各异、种类较多。通用型变位器既可用于机器人移动,也可用于作业对象移动,它是机器人常用的附件。根据运动特性,通用型变位器可分为回转变位和直线变位两类;根据控制轴数又可分单轴、双轴和三轴变位器。

通用型回转变位器与数控机床的回转工作台类似,常用的有单轴和双轴两类,如图 2-28 所示。单轴变位器可用于机器人或作业对象的垂直(立式)或水平(卧式)360°回转,配置单轴变位器后,机器人可以增加一个自由度。双轴变位器可实现一个方向的 360°回转和另一方向的局部摆动,配置双轴变位器后,机器人可以增加两个自由度。三轴变位器一般由两个水平 360°回转轴和一个垂直方向回转轴,可用于回转类工件的多方位焊接或工件的自动变换。

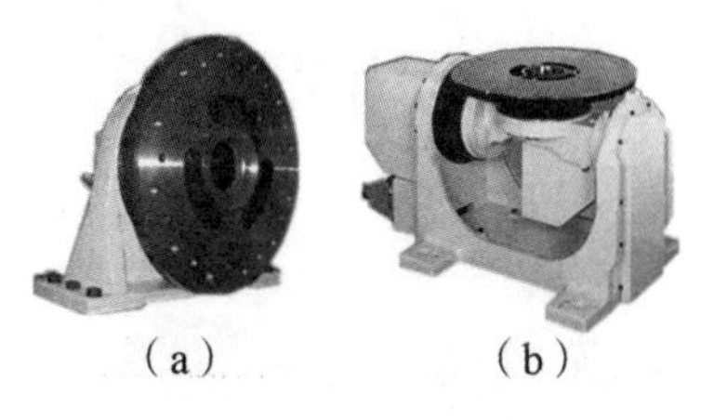

(a)　　　　(b)

图 2-28　通用型回转变位器

(a)单轴变位机;(b)双轴变位机

通用型直线变位器与数控机床的移动工作台类似,其中水平移动变位器较为常用,但也有垂直方向移动的变位器和两轴十字运动变位器。通用型直线变位器如图 2-29 所示。

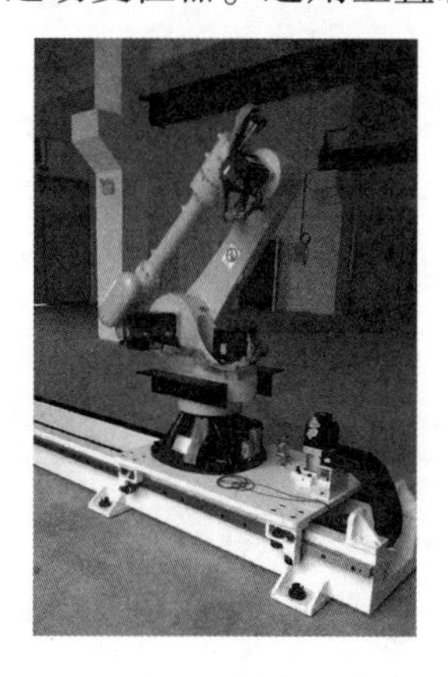

图 2-29　通用型直线变位器

(二)末端执行器

末端执行器又称为工具,它是安装在机器人手腕上的操作机构。连接在法兰盘上的末端执行器如图 2-30 所示。末端执行器与机器人的作业要求、作业对象密切相关,一般需要独立设计与制造。例如,用于装配、搬运、包装的机器人一般需要配置吸盘、手爪等用于抓取零件和物品的夹持器；而加工类机器人需要配置用于焊接、切割、打磨、喷涂等加工的焊枪、割枪、铣头、磨头、喷枪等各种工具或刀具。

图 2-30 连接在法兰盘上的末端执行器

# 任务二 工业机器人选型标准

## 一、操作型机器人性能指标及其测试方法

《工业机器人 性能规范及其试验方法》(GB/T 12642—2013)规定了如下操作型机器人性能指标及其测试方法。

(1)位姿准确度和位姿重复性。

(2)多方向位姿准确度变动。

(3)距离准确度和距离重复性。

(4)位置稳定时间。

(5)位置超调量。

(6)位姿特性漂移。

(7)互换性。

(8)轨迹准确度和轨迹重复性。

(9)重复定向轨迹准确度。

(10)拐角偏差。

(11)轨迹速度特性。

(12)最小定位时间。

(13)静态柔顺性。

(14)摆动偏差。

上述 14 种机器人的性能规范及其试验方法，其中有 3 种非常重要，分别是：位姿准确度和位姿重复性、距离准确度和距离重复性、轨迹准确度和轨迹重复性。

(1)位姿准确度是指机器人在三维空间中精确移动到所需位置的能力;位姿重复性是指机器人移动到相同方向和位置的能力。

(2)距离准确度和距离重复性由两个指令位姿与两组实到位姿均值之间的距离偏差,和在这两个位姿间一系列重复移动的距离波动来确定。

1)距离准确度。距离准确度表示指令距离和实到距离平均值之间位置和姿态的偏差。由位置距离准确度和姿态距离准确度两个因素决定。

2)距离重复性。距离重复性表示在同一方向对相同指令距离重复运动 $n$ 次后与实到距离的一致程度,包括位置距离重复性和姿态距离重复性。

(3)轨迹准确度和轨迹重复性。机器人的轨迹准确度,一般是指轨迹重复精度,表示机器人对同一轨迹指令重复 $n$ 次时实到轨迹的一致程度,一般采用激光跟踪仪进行测试,让机器人重复走某一条轨迹 $n$ 次,然后取由 $n$ 条轨迹组成的轨迹条横切面的半径。

## 二、工业机器人的性能指标

### (一)负载

负载是指机器人在工作时能够承受的最大载重。如果将零件从一个位置搬至另一个位置,就需要将零件的质量和机器人手爪的质量计算在负载内。目前使用的工业机器人负载范围为 0.5~800 kg。

### (二)工作准确度

工业机器人的工作准确度是指定位准确度(又称为绝对准确度)和重复定位准确度。定位准确度是指机器人手部实际到达位置与目标位置之间的差异,用反复多次测试的定位结果的代表点与指定位置之间的距离来表示。重复定位准确度是指机器人重复定位手部于同一目标位置的能力,以实际位置值的分散程度来表示。目前,工业机器人的重复定位准确度可达 0.01~0.5 mm。根据作业任务和末端持重的不同,机器人的重复定位准确度要求也不同,各种作业任务对机器人的重复定位准确度要求见表 2-1。

**表 2-1 各种作业任务对机器人的重复定位准确度要求**

| 作业任务 | 额定负载/kg | 重复定位准确度/mm |
| --- | --- | --- |
| 搬 运 | 5~200 | 0.2~0.5 |
| 码 垛 | 50~800 | 0.5 |
| 喷 涂 | 5~20 | 0.2~0.5 |
| 弧 焊 | 3~20 | 0.08~0.1 |
| 装 配 | 2~5 | 0.02~0.03 |
|  | 6~20 | 0.06~0.1 |

### 三、工业机器人的选型原则

#### (一)最小转动惯量原则

由于机器人本体运动部件较多,运动状态经常改变,因此,必然会产生冲击和振动。采用最小转动惯量原则,尽量减小运动部件的质量,可增加工业机器人本体运动的平稳性,提高动力学特性。

#### (二)尺寸优化原则

当设计要求满足一定工作空间要求时,可通过尺寸优化以选定最小的臂杆尺寸,这将有利于本体刚度的提高,使转动惯量进一步降低。

#### (三)高强度材料选用原则

由于工业机器人本体从手腕、小臂、大臂到机座是依次作为负载起作用的,因此,选用高强度材料,可以减轻零部件的质量,减少运转的动荷载与冲击,减小驱动装置的负载,提高运动部件的相应速度。

#### (四)刚度设计的原则

要使刚度最大,必须恰当地选择杆件截面的形状和尺寸,提高支承刚度和接触刚度,合理地安排作用在臂杆上的力和力矩,尽量减少杆件的弯曲变形。

#### (五)可靠性原则

工业机器人本体结构复杂、环节较多,可靠性问题显得尤为重要。一般来说,元器件的可靠性应高于部件的可靠性,而部件的可靠性应高于整机的可靠性。

#### (六)工艺性原则

工业机器人本体是一种高精度、高集成度的自动机械系统,良好的加工和装配工艺性是设计时要体现的重要原则之一。

## 任务三　工业机器人操作安全规范

工业机器人主要用于机械制造业中代替人完成具有危险性、重复性、大批量或高质量要求的工作(如汽车制造、摩托车制造、舰船制造、家电产品制造、化工制造等行业自动化生产线中的点焊、弧焊、喷涂、切割,电子装配及物流系统中的搬运、包装、码垛等作业)。它们能够以惊人的速度运行,并能够承受超大尺寸和质量的负载。由于工业机器人的危险工作类型,或工业机器人的安全无法被保障,这些工业机器人被完全封闭在房间或围栏区域内,该区域称为机器人单元。

机器人单元的入口受到监控,这样机器人就可以在操作人员进入之前返回到原始位置。而操作人员在机器人单元内,机器人是无法被操作的,避免人与机器人产生任何物理接触。

## 一、工业机器人操作注意事项

(1)操作者必须在保证自己安全的情况下操作机器人。

(2)确保工业机器人的状态稳定、底座稳定。

(3)操作者必须按照规定来操作机器人,严禁违规操作。

(4)在使用工业机器人之前应确保周围的环境不会对其造成影响。

(5)工业机器人生产厂家不对工业机器人使用的安全问题负责。

(6)工业机器人生产厂家应提醒操作者在使用工业机器人时必须使用安全设备,必须遵守安全条款。

(7)工业机器人可以以很高的速度移动很长的距离。

(8)永远不要背对着工业机器人。

## 二、不可使用工业机器人的场合

(1)燃烧的环境。

(2)有爆炸可能的环境。

(3)有无线电干扰的环境。

(4)水中或其他液体中。

(5)搬运人或动物。

(6)不可攀附。

(7)其他不可使用的场合。

## 三、工业机器人安全操作规程

### (一)开机前的安全操作

工业机器人可以在很短的时间内,以很高的速度移动很远的距离,因此要特别注意安全,小心、谨慎操作。工业机器人操作以“安全第一、预防为主”为原则。

工业机器人操作者需要了解并熟悉《机器人操作手册》及《机器人编程手册》中的内容,了解并熟悉对操作者的定义、机器人操作权限限制及操作安全注意事项等。

操作前应仔细、完整阅读并理解操作、示教、维护等安全事项。连接电源电缆前,应确认供电电源电压、频率、电缆规格符合要求,并确保机器人控制箱可靠接地,确认外部动力电源包含控制电源、气源并能被切断。

在开机或启动机器人前,务必确认已符合各项安全条件,清除一切阻碍,包括机器人运动范围内的阻挡物,同时不要试图操作机器人做危险动作。要使机器人立即停止动作,应按紧急停止按钮。

### (二)示教和手动控制机器人的安全操作

建议在安全围栏之外完成示教,如果确实需要进入安全围栏内,则应严格执行下述事项。

(1)进入安全围栏内示教,应清楚地标识示教工作正在进行中,以免有人通过控制器、示教器等误操作机器人系统装置。

(2)完成示教工作后,应在安全围栏外确认工作,这时,机器人的速度选择低速以下,直到运动确认正常。

(3)示教过程中,应确认机器人的运动范围,操作者不应大意靠近机器人或进入机器人手臂的下方。

(4)禁止戴手套操作示教器和操作面板,使用专用的示教笔操作机器人。

(5)在点动操作机器人时尽量采用较低的速度倍率,以增加对机器人控制的精度。

(6)在按下示教器上点动运行键之前要考虑机器人的运动趋势。

(7)要预先考虑好避让机器人的运动轨迹,并确认该路线不受干扰。

(8)机器人周围区域必须清洁,无油、水及杂质等。

### (三)生产运行时的安全操作

(1)在开机运行前,必须知道机器人根据所编程序将要执行的全部任务。

(2)必须知道所有会影响机器人移动的开关、传感器及控制信号的位置及状态。

(3)必须知道机器人控制器和外围控制设备上紧急停止按钮的位置,随时准备在紧急情况下使用这些按钮。

(4)时刻保持与机器人的安全距离。

(5)在自动操作前,应确认所有紧急停止开关正常,操作前完整阅读并理解机器人操作手册。

(6)在自动运行过程中,不要进入或使身体的某一部分进入安全围栏。

(7)在自动运行过程中,机器人在等待定时延时或外部信号输入时,机器人将恢复运行,在安全围栏上标示“自动运行中”的字样,禁止进入。

(8)如果有故障导致机器人在运行中停止,则请检查显示的故障信息,按照正确的故障处理方法恢复顺序,来恢复或重启机器人。

注意:①在自动运行程序前必须确认当前程序经过手动运行示教点位且检验无误;②自动运行程序前,必须检查并确认机器人的工作区域安全;③将机器人示教器上【模式选择】开关切换到【自动】状态。

### (四)维修时的安全操作

(1)机器人急停开关(ESTOP)决不允许被短接。

(2)禁止非专业人员检修或拆卸机器人任何部件,电控箱内有高压电,禁止带电维护和保养。

(3)进入安全围栏前,请确认所有的安全措施都已准备好并且功能良好。

(4)进入安全围栏前,请切断控制电源一直到机器人总电源,并放置清晰的标示“维护进行中”。

(5)在拆除关节轴的伺服电机前,应使用合适的提升装置支撑好机器人手臂,因为拆除电机将使该轴电机刹车失效,没有可靠支撑会造成手臂下掉。

## 四、工业机器人的日常维护与保养

工业机器人日常的安全使用和文明操作,以及日常的自检与维护工作是相当重要的,这对工业机器人保养有着重要的影响,一方面提高了工业机器人易损部件的可维护性,另一方面提升了工业机器人保养工作的方便性。

工业机器人运行磨合期为一年,在正常运行一年后,工业机器人需要进行一次预防性保养,更换齿轮润滑油。工业机器人每正常运行三年或一万个小时后,必须再进行一次预防保养,特别是针对在恶劣工况与长时间在负载极限或运行极限下工作的机器人,需要每年进行一次全面预防性保养。

以下是工业机器人日常保养、三个月保养、一年保养的具体内容。

### 1.日常保养

(1)检查工业机器人的外表有没有灰尘附着。

(2)检查外部电缆是否磨损、压损,各接头是否固定良好,有无松动。

(3)检查冷却风扇工作是否正常。

(4)检查各操作按钮动作是否正常。

(5)检查工业机器人动作是否正常。

### 2.三个月保养

(1)检查控制柜内各接线端子是否固定良好。

(2)检查工业机器人本体的底座是否固定良好。

(3)清扫控制柜内部灰尘。

### 3.一年保养

(1)检查控制柜内部各基板接头有无松动。

(2)检查内部各线有无异常情况(如各接点是否有断开的情况)。

(3)检查工业机器人本体内的配线是否断线。

(4)检查工业机器人的电池电压是否正常。

(5)检查工业机器人各轴电机的制动是否正常。

(6)检查各轴的传动带紧张度是否正常。

(7)给各轴减速机加机器人的专用油。

(8)检查各设备电压是否正常。

## 五、工业机器人的网络安全风险

随着科技的飞速发展,工业机器人已经成为现代制造业的重要组成部分。然而,随着工业互联网的普及,工业机器人的网络安全问题也日益凸显。

### 1.工业机器人的网络安全风险

(1)系统漏洞。工业机器人通常采用嵌入式系统,这些系统可能存在设计缺陷或未被发现的安全漏洞。黑客可能利用这些漏洞,通过远程控制或篡改机器人的控制系统,导致生产事故或数据泄露。

(2)通信安全。工业机器人需要与工厂内的其他设备、生产线以及外部网络进行通信。在通信过程中,数据可能被截获、篡改或泄露,从而导致生产中断、产品质量下降甚至知识产权被盗。

(3)恶意软件。工业机器人可能受到恶意软件的攻击,如病毒、木马等。这些恶意软件可能导致机器人系统崩溃、数据丢失或生产事故。

(4)供应链攻击。工业机器人的生产涉及多个环节,包括原材料采购、零部件制造、系统集成等。黑客可能通过攻击供应链中的某个环节,植入恶意硬件或软件,从而影响整个生产过程。

2.工业机器人网络安全风险对制造业的影响

(1)生产事故。工业机器人的网络安全风险,可能导致生产事故的发生,如设备损坏、人员伤亡等。这不仅会影响企业的生产效率,还可能导致企业承担法律责任。

(2)产品质量下降。网络安全风险可能导致工业机器人的数据被篡改或泄露,从而影响产品质量。此外,恶意软件可能导致机器人系统崩溃,进一步影响生产质量。

(3)知识产权泄露。黑客可能通过攻击工业机器人,窃取企业的核心技术和知识产权。这将对企业的竞争力造成严重损害,甚至可能导致企业的破产。

(4)企业声誉受损。一旦发生严重的网络安全事件,企业声誉将受到严重影响。消费者可能会对企业的产品产生不信任,从而导致销售量下滑。

3.应对措施

(1) 加强系统安全设计。企业应加强对工业机器人系统的安全设计,及时发现并修复潜在的安全漏洞,提高系统的抗攻击能力。

(2)加密通信。企业应采用加密技术,保护工业机器人与外部网络的通信安全,防止数据泄露或被篡改。

(3)定期更新和维护。企业应定期更新工业机器人的软件和硬件,修复已知的安全漏洞,提高系统的安全性能。同时,企业还应加强对工业机器人的维护管理,确保设备的正常运行。

# 项目测评

上网查阅资料,以芯片测试和芯片封装为工作场景,根据所学选型原则,按品牌选择适当的机器人型号,并将原因一并填入表2-2。

**表2-2 适当的机器人型号及原因**

| 品　牌 | 搬运机器人选型及原因 | 焊接机器人选型及原因 |
| --- | --- | --- |
| ABB | | |
| KUKA | | |
| FANUC | | |
| YASKAWA | | |
| 华数 | | |
| 新松 | | |

# 项目三 工业机器人基础操作

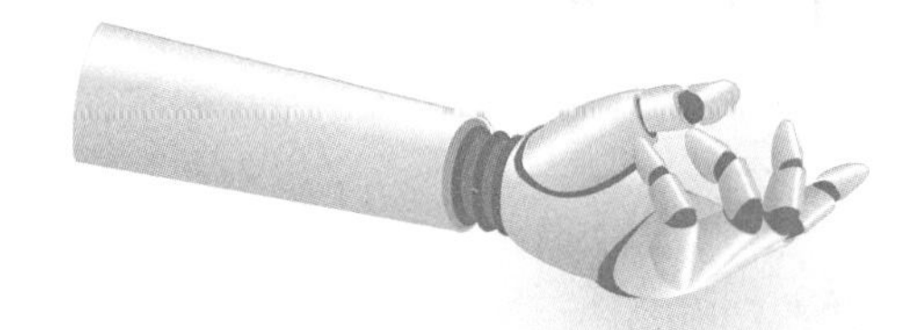

## 学思课堂

工业机器人作为智能制造的重要载体,能够产生数据并执行生产任务,代表着未来科技的发展方向,是未来最具代表性的生产工具之一。党的二十大报告指出:"推动战略性新兴产业融合集群发展,构建新一代信息技术、人工智能、生物技术、新能源、新材料、高端装备、绿色环保等一批新的增长引擎。"工业机器人不仅能够完成精细加工,而且具有柔性生产的特点,结合互联网和人工智能,将成为我国智能制造和产业转型升级的强劲助力。

## 学习目标

1.学会设置示教器参数。

2.学会手动操作工业机器人。

3.能够根据任务设置 TCP 工具坐标。

4.能够手动操作工业机器人运行各种轨迹。

5.具备解决问题的逆向思维能力。

6.培养敬业精神和职业道德。

7.培养较强的集体意识和团队合作精神。

# 任务一　熟悉并熟练使用示教器

## 一、认识示教器

### （一）示教器外观

操作工业机器人，就必须和机器人示教器打交道，以华数工业机器人示教器为例，示教器正反面如图 3-1 所示，其按键说明见表 3-1。

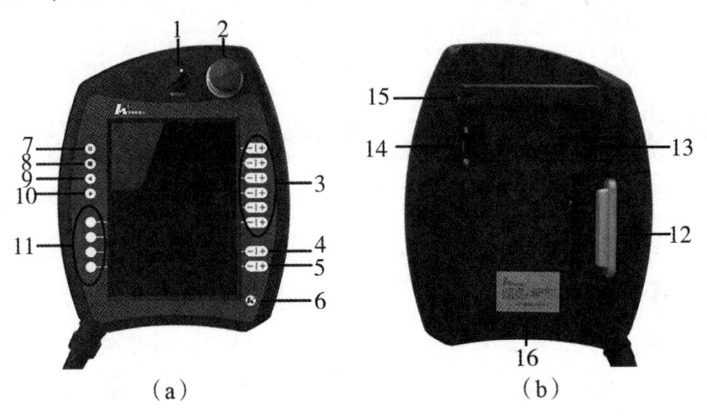


图 3-1　示教器正反面

表 3-1　示教器按键说明

| 标签序号 | 名　称 | 作　用 |
| --- | --- | --- |
| 1 | 模式切换开关 | 切换运行模式（手动/自动/外部），只有插入钥匙后，状态才可被转换 |
| 2 | 急停按键 | 紧急（危险）情况下使机器人停机 |
| 3 | 点动运行键 | 用于手动移动机器人 |
| 4 | 程序调节量的按键 | 自动、外部运行倍率调节 |
| 5 | 手动调节量的按键 | 手动运行倍率调节 |
| 6 | 菜单按钮 | 进行菜单和文件导航器之间的切换 |
| 7 | 暂停按钮 | 运行程序时，暂停运行 |
| 8 | 停止键 | 停止正在运行中的程序 |
| 9 | 回退键 | 回退程序运行 |
| 10 | 开始运行键 | 程序加载成功时，点击该按键后开始运行程序 |
| 11 | 备用按键组 | 根据需求自定义 4 个物理按键对应的功能 |

**续表**

| 标签序号 | 名　称 | 作　用 |
| --- | --- | --- |
| 12 | 三段式安全开关 | 安全开关有 3 个位置：<br>①未按下；<br>②中间位置；<br>③完全按下。<br>在运行模式手动 T1 或手动 T2 中，安全开关必须保持在中间位置才可使机器人运动，在采用自动运行模式时，安全开关不起作用 |
| 13 | 调试接口 | 调试专用接口 |
| 14 | USB 插口 | 被用于存档或还原等操作 |
| 15 | 手写笔插槽 | HSpad 手写笔插槽 |
| 16 | 标签 | HSpad 标签型号粘贴处 |

（二）示教器操作界面

示教器是进行工业机器人的手动操作、程序编写、参数配置及监控的手持装置，也是最常用的机器人控制装置，具体操作界面如图 3-2 所示，其按钮说明见表 3-2。

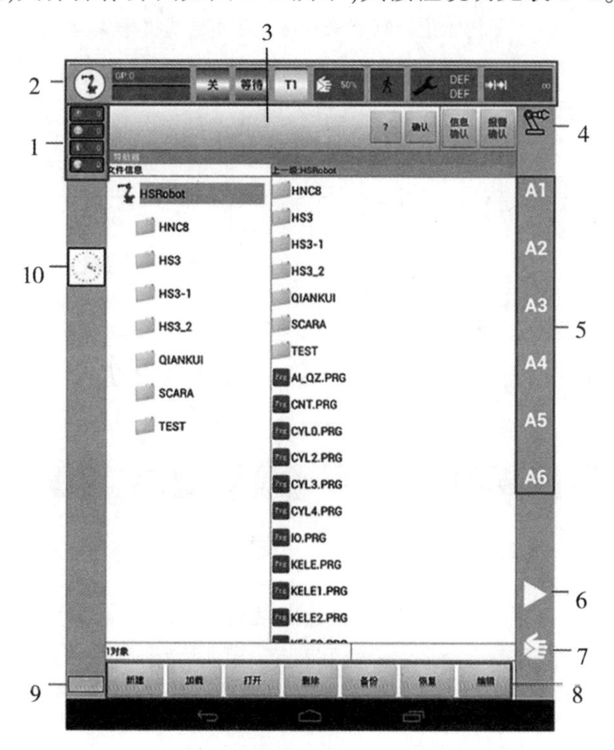


图 3-2　示教器操作界面

表 3-2　示教器按钮说明

| 标签序号 | 名　称 | 作　用 |
| --- | --- | --- |
| 1 | 信息提示计数器 | 提示每种信息类型各有多少条等待处理。点击【信息提示计数器】可放大显示 |
| 2 | 状态栏 | 显示当前机型、负载等级、加载的程序、使能状态、程序状态、运行模式、倍率、程序运行方式、工具工件号、增量模式 |
| 3 | 信息窗口 | 显示当前信息 |
| 4 | 坐标系状态 | 点击该图标可以显示所有坐标系,并进行选择切换 |
| 5 | 手动运行键标示 | 如果选择了与轴相关的运行,则显示轴号(如 A1、A2 等);如果选择了笛卡儿式运行,则显示坐标系的方向。点击该图标会显示运动系统组选择窗口,选择组后,将显示为相应组中所对应的名称 |
| 6 | 自动倍率修调 | 自动运行时,速度的调节 |
| 7 | 手动倍率修调 | 手动运行时,速度的调节 |
| 8 | 操作菜单栏 | 用于程序文件的相关操作 |
| 9 | 网络状态 | 红色为网络连接错误,需检查网络线路问题;黄色为网络连接成功,但初始化控制器未完成,无法控制机器人运动;绿色为网络初始化成功,HSpad 正常连接控制器,可控制机器人运动 |
| 10 | 时钟 | 显示系统时间。点击该图标会以数码形式显示系统时间和当前系统的运行时间 |

（三）状态栏

状态栏显示工业机器人设置的状态,状态栏如图 3-3 所示,其说明见表 3-3。多数情况下通过点击图标就会打开一个窗口,可以在打开的窗口中更改设置。

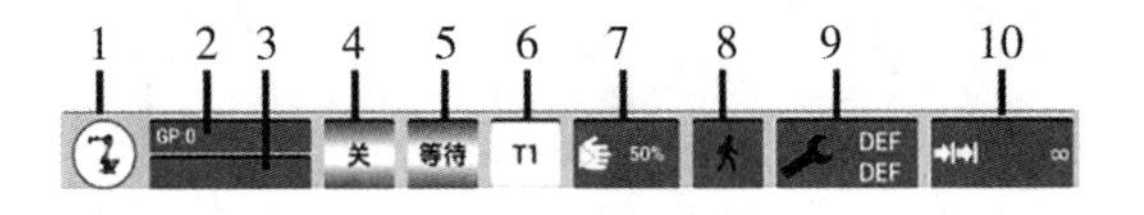


图 3-3　状态栏

表 3-3　状态栏说明

| 标签序号 | 名　称 | 作　用 |
| --- | --- | --- |
| 1 | 菜单键 | 同菜单按键 |
| 2 | 机器人名称 | 显示当前机器人的型号、负载等级 |
| 3 | 加载程序名称 | 在加载程序之后,会显示当前加载的程序路径及名称 |

续表

| 标签序号 | 名　称 | 作　用 |
| --- | --- | --- |
| 4 | 使能状态 | 绿色且显示【开】,表示当前使能打开;红色且显示【关】,表示当前使能关闭。点击可打开使能设置窗口,在自动模式下只能通过点击【开/关】设置使能状态。窗口中可显示安全开关的按下状态。手动模式下,只能通过安全开关打开或关闭 |
| 5 | 程序运行状态 | 自动运行时,显示当前程序的运行状态 |
| 6 | 模式状态显示 | 模式可以通过钥匙开关设置,可设置为手动模式、自动模式、外部模式 |
| 7 | 倍率修调显示 | 切换模式时会显示当前模式的倍率修调值。点击会打开设置窗口,可通过【加/减(+/-)】键以1%的单位进行加、减设置,也可通过滚动条左右拖动设置 |
| 8 | 程序运行方式状态 | 在自动运行模式下只能是连续运行,手动T1和手动T2模式下可设置为单步或连续运行。点击会打开设置窗口,在手动T1和手动T2模式下可点击【连续/单步】按钮进行运行模式切换 |
| 9 | 激活基坐标/工具显示 | 点击会打开设置窗口,点击【工具和基坐标】选择相应的工具和工件进行设置,可用工具工件号为0~15 |
| 10 | 增量模式显示 | 在手动T1或手动T2模式下点击可打开窗口,点击相应的选项设置增量模式。持续性:持续性运动;非持续:按照设置的增量模式距离移动 |

(四)主菜单

调用和关闭主菜单的操作步骤如下。

Step1:点击示教器【菜单】按钮,如图3-4所示,窗口主菜单打开。

Step2:再次点击示教器【菜单】按钮,关闭主菜单。

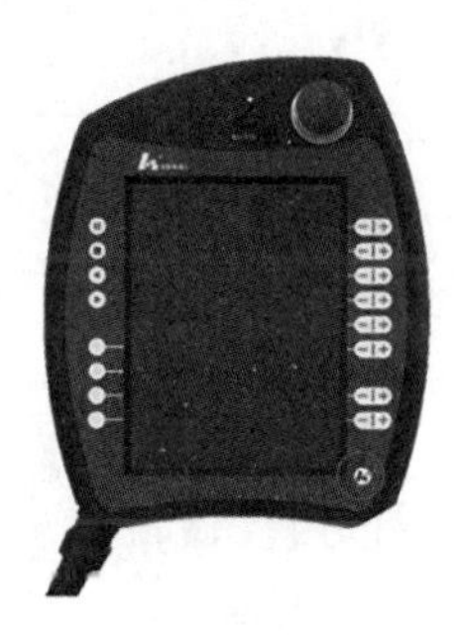

图3-4　示教器【菜单】按钮

在主菜单窗口中,左栏中显示主菜单,如图3-5(a)所示。点击一个菜单项将显示其所属的下级菜单,如图3-5(b)所示,点击左侧红叉【×】可关闭窗口。

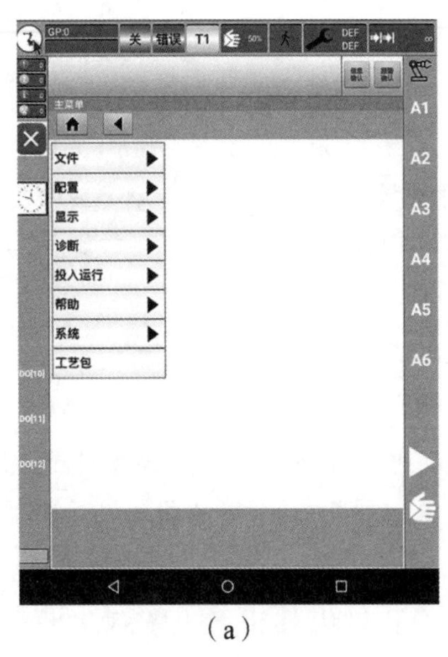


(a)

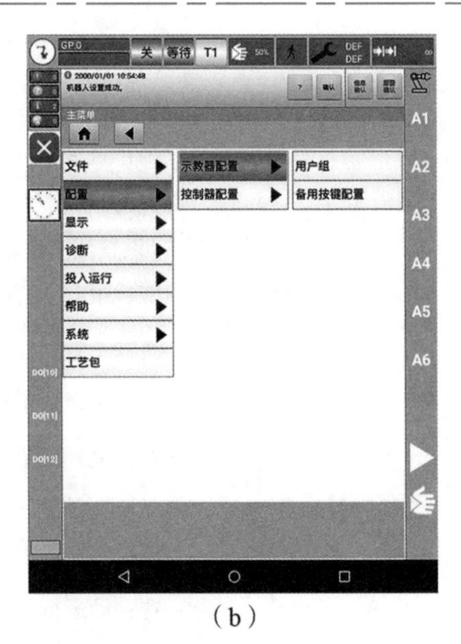


(b)

图 3-5　主菜单栏及其所属的下级菜单

(五)用户组

在华数工业机器人中,用户组有 4 个,分别为 Normal、Super、Debug、Final。重新启动时将默认选择 Normal 用户组。

在 HSpad 系统软件中,不同用户组具有不同的权限。

(1)Normal 用户组:操作人员用户组,该用户组为默认用户组。

(2)Super 用户组:超级权限用户组,该用户组拥有比 Normal 用户组更多的系统功能使用权。此用户组通过密码进行保护。

(3)Debug 用户组:调试人员用户组,该用户组对 HSpad 系统拥有绝大部分系统功能的使用权。此用户组通过密码进行保护。

(4)Final 用户组:最终权限用户组,该用户组拥有 HSpad 系统所有功能的使用权。

备注:默认密码为“hspad”。

更换用户组的操作步骤如下。

Step1:在主菜单中选择【配置】→【示教器配置】→【用户组】选项,将显示出当前用户组,如图 3-6所示。

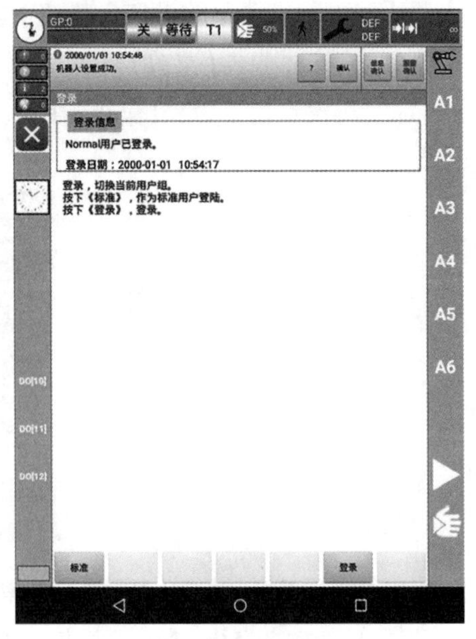


图 3-6　当前用户组

Step2:若想切换至默认用户组,则点击【标准】按钮(如果已经在默认用户组中,则不能点击【标准】按钮);若想切换至其他用户组,则选定所需的用户组,点击【登录】按钮,选择用户组界面,如图 3-7 所示。

通过选择登录
请选择用户组:
Normal
Super
Debug
Final
密码:
登录时需要密码!输入密码时注意大小写。
按下《标准》,作为标准用户登陆。
按下《密码...》,修改用户组的密码。
按下《登录》,登录到选中的用户。
标准
密码...
登录

图 3-7 选择用户组界面

Step3:Super 用户组和 Debug 用户组需要输入密码后登录,输入华数机器人默认密码“hspad”后登录确认。

Step4:修改密码。若需要修改某个用户的密码,则选中该用户,点击【密码...】按钮。

Step5:在密码修改界面输入原密码和新密码后,点击【OK】按钮即修改密码完毕。

(六)运动坐标系的选择

点击示教器软件右侧机器人的图标,弹出选择坐标系下拉列表,如图 3-8 所示。

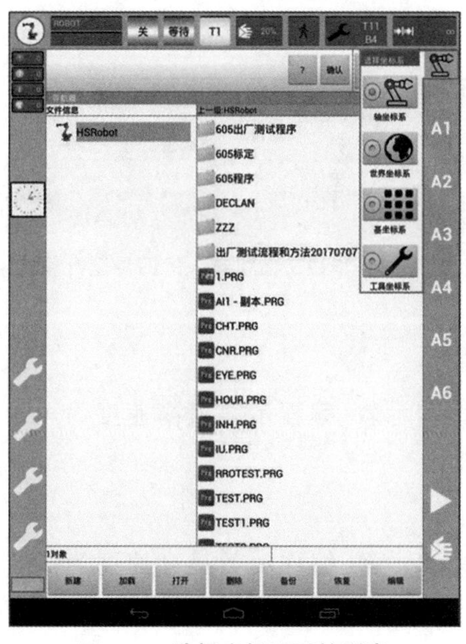


图 3-8 选择坐标系下拉列表

具体启用哪一个坐标系，可以通过点击上方的扳手图标进行选择，如图 3-9 所示。用户可以通过标定的方式存入需要的基坐标系或工具坐标系，最多可以设定 16 个工具/基坐标系。

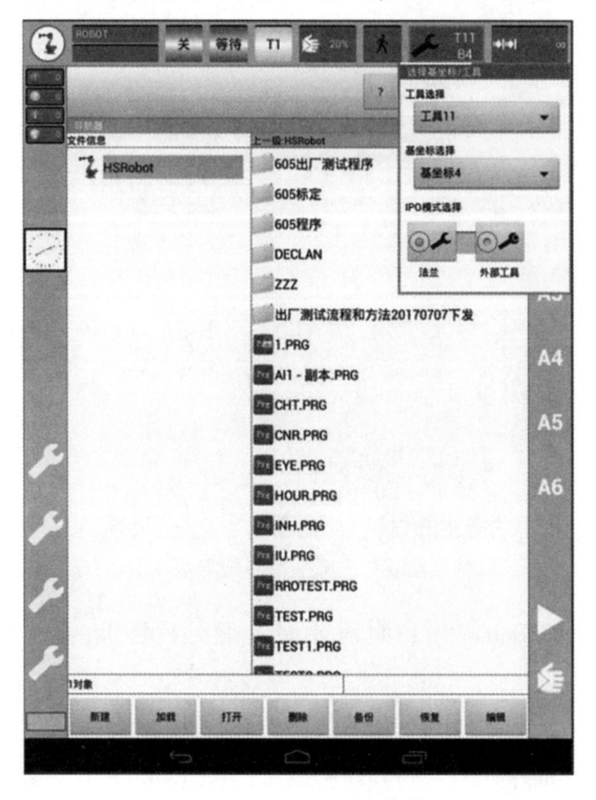


图 3-9　坐标系的选择

### (七)运行模式

华数工业机器人的运行模式有手动 T1、手动 T2、自动和外部四种模式，如图 3-10 所示。

图 3-10　华数工业机器人的四种运行模式

#### 1.手动 T1 模式

用于低速测试运行编程和示教，编程示教最高速度为 125 mm/s；手动运行最高速度为125 mm/s。

#### 2.手动 T2 模式

用于高速测试运行编程和示教，编程示教最高速度为 250 mm/s；手动运行最高速度为250 mm/s。

3.自动模式

用于不带上级控制系统的工业机器人,在此模式下禁止手动运行,机器人运行速度为编程程序设置的速度。

4.外部模式

用于带有上级控制系统的工业机器人,在此模式下禁止手动运行,机器人运行速度为编程程序设置的速度。

切换运行方式的方法为向左拨动示教器上的模式切换按钮,点击选择相对应的模式后,再向右拨回示教器上的模式切换按钮,如图 3-11 所示。

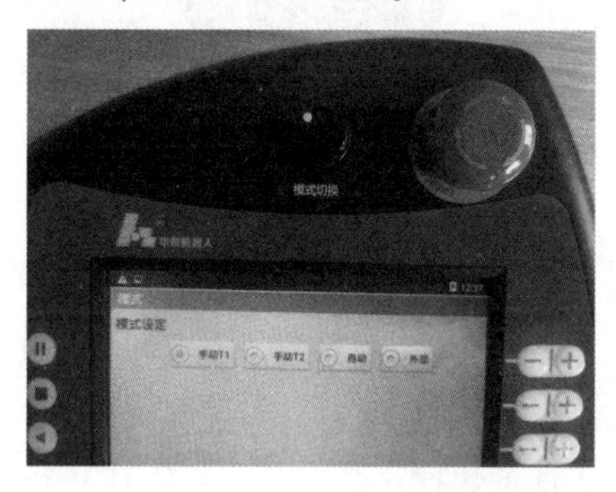


图 3-11　模式切换按钮

(八)机器人位置显示

机器人位置显示操作步骤如下。

Step1:选择【主菜单】→【显示】→【实际位置】选项,将显示工具坐标系的笛卡儿式实际位置,显示 TCP 的当前位置($X$、$Y$、$Z$)和姿态($A$、$B$、$C$),如图 3-12 所示。

| 名字 | 值 | 单位 | |
|---|---|---|---|
| X | -45.023 | mm | |
| Y | -415.923 | mm | |
| Z | 265.989 | mm | |
| A | 99.886 | deg | |
| B | 26.904 | deg | |
| C | -169.02 | deg | |

图 3-12　笛卡儿式实际位置

Step2:点击轴相关以显示与轴相关的实际位置,将显示轴 A1 至 A6 的当前位置。如果有附加轴,则也显示附加轴的位置。在机器人运行过程中,会实时更新每个轴的实际位置,如图 3-13所示。

| 轴 | 位置[度,mm] | 单位 | |
|---|---|---|---|
| A1 | -95.044 | 度 | |
| A2 | -94.077 | 度 | |
| A3 | 195.881 | 度 | |
| A4 | -5.238 | 度 | |
| A5 | 49.665 | 度 | |
| A6 | -9.919 | 度 | |

笛卡尔式

图 3-13　轴相关实际位置

（九）备用按钮

华数工业机器人示教器左侧有 4 个辅助按键，如图 3-14 所示，用于用户自定义按键操作，可配置按键按下后输出的指令。

图 3-14　自定义辅助按键

辅助按键只能在手动 T1、手动 T2 和自动模式下使用，在外部模式下不能使用，辅助按键的设置权限需为 Super 用户组及以上。辅助按键配置类型共有 3 种，分别为 IO 型、工艺包和无配置。

（1）IO 型。操作输出 I/O 值的快捷键。

（2）工艺包。打开工艺包界面的快捷键。

（3）无配置。关闭备用按键功能。

备用按键配置操作步骤如下。

Step1：在 Super 用户组权限下，选择【主菜单】→【配置】→【示教器配置】→【备用按键配置】选项，如图 3-15 所示，进入备用按键配置界面。

图 3-15　【备用按键配置】选项

Step2：选择序号，点击【修改】按钮。

Step3：点击【功能类型】的下拉列表选项，如选择 IO 型，如图 3-16 所示。

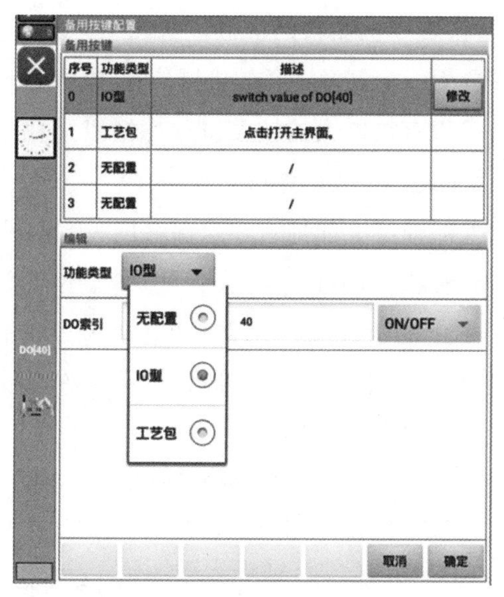


图 3-16　功能类型选择

Step4:在【DO 索引】输入框中输入 I/O 索引号。

Step5:在【功能类型】下拉列表中选择【ON/OFF】选项。

Step6:点击【确定】按钮,完成配置,如图 3-17 所示。

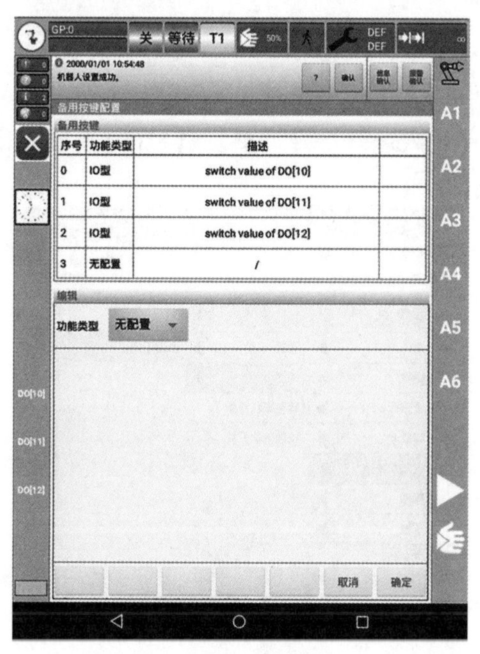


图 3-17　备用按键配置完成图

## 二、零点校准

### (一)零点校准

机器人运行前都必须进行轴零点校准。机器人只有在零点校准之后方可进行笛卡儿运动，并且要将机器人移至安全位置。机器人的机械位置和编码器位置会在零点校准过程中协调一致。为此必须将机器人置于一个已经定义的机械位置，即零点校准位置。然后，每个轴的编码器返回值均被储存下来。所有机器人的校准位置都相似，但不完全相同。精确位置在同一机器人型号的不同机器人之间也会有所不同。

其中校准功能更新为内外部轴校准和绝对零点保存两种。两种校准方式的区别是，通过内外部轴校准标定零点后，当调试时不小心标定了一个非零点位置为零点（零点位置为通过插销和专业设备计算补偿量后标定的位置）时，导致需要重新零点校准；而通过绝对零点保存零点则无须重新进行零点校准，只需点击恢复零点即可。备注：零点校准操作需要 Final 用户组权限。必须对机器人进行校准的情况见表 3-4。

**表 3-4　必须校准的情况**

| 情　况 | 备　注 |
|---|---|
| 机器人投入运行时 | 必须校准，否则不能正常运行 |
| 机器人发生碰撞后，编码器值丢失后 | 必须校准，否则不能正常运行 |
| 更换电机或者编码器时 | 必须校准，否则不能正常运行 |

### （二）零点校准操作步骤

#### 1. 内部轴校准

内部轴校准操作步骤如下。

Step1：选择【主菜单】→【投入运行】→【调整】→【校准】选项，如图 3-18 所示，进入轴校准配置界面。

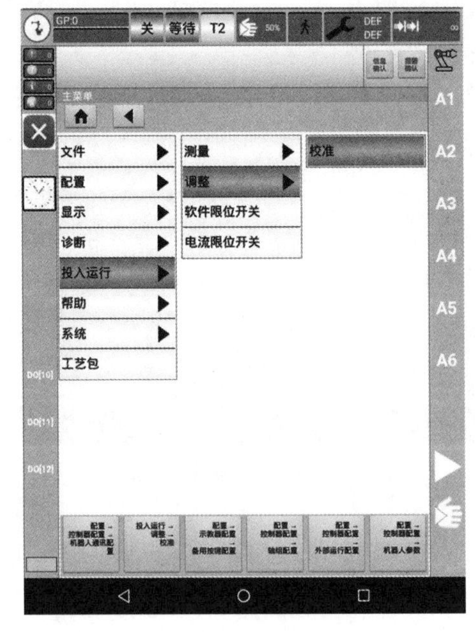


图 3-18　【校准】选项

Step2:移动机器人到机械原点。

Step3:待各轴运动到机械原点后,点击列表中的各个选项,弹出输入框。

Step4:输入正确的数据后点击确定,如图 3-19 所示。

轴数据校准:

| 轴 | 初始位置 |
|---|---|
| A1 | 0 |
| A2 | -90 |
| A3 | 180 |
| A4 | 0 |
| A5 | 90 |
| A6 | 0 |

附加轴　保存校准

图 3-19　轴校准配置——内部轴零点数据

Step5:各轴数据输入完毕后,点击【保存校准】按钮,保存数据,立即生效,保存是否成功可通过当前实际位置数据检验。

2.外部轴校准

外部轴校准操作步骤如下。

Step1:选择【菜单】→【投入运行】→【调整】→【校准】选项,如图 3-18 所示。

Step2:移动机器人外部轴到机械原点。

Step3:点击【附加轴】按钮。

Step4:待外部轴运动到机械原点后,点击列表中的各个选项,弹出输入框,输入正确的数据后点击确定,如图 3-20 所示。

Step5:各轴数据输入完毕后,点击【保存】按钮,保存数据,立即生效,保存是否成功可通过当前位置数据检验。

如果显示校准不成功,则检查网络是否连接成功;也可支持单轴校准(校准后,当前的实际位置就会变成设置的校准值,一般为固定位置固定校准值)。

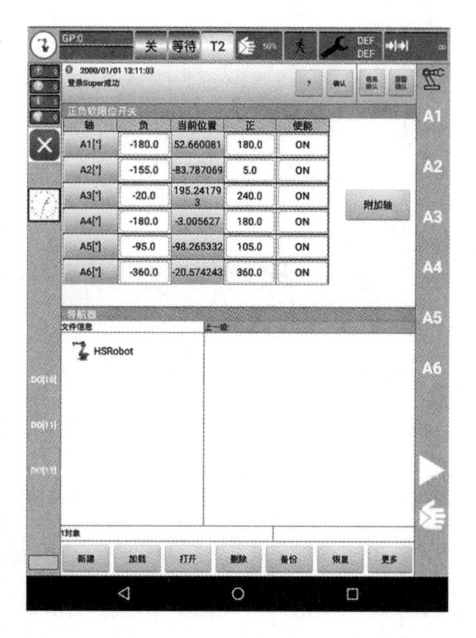


图 3-20　轴校准配置——外部轴零点数据

3.绝对零点保存

绝对零点保存操作步骤如下。

Step1:选择【主菜单】→【投入运行】→【调整】→【校准】选项,如图 3-18 所示。

Step2:分别移动机器人 1~6 轴到机械原点,如图 3-21 所示,顺序为先调整 4 轴、5 轴和 6 轴,然后调整 1 轴、2 轴和 3 轴。

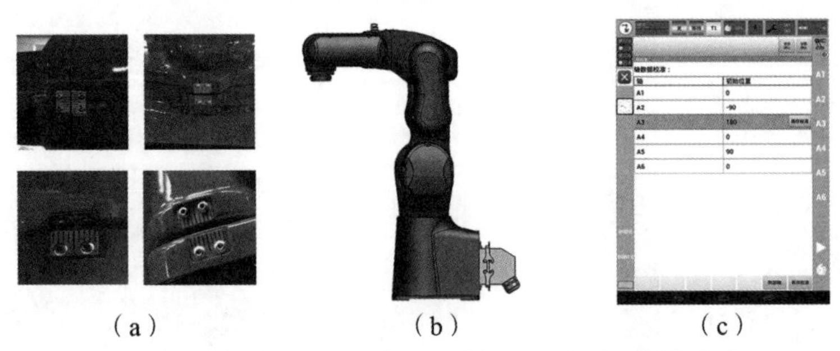

(a) (b) (c)

图 3-21 机器人机械原点和到达绝对零点时机器人姿态

Step3:待各轴运动到机械原点后,点击列表中的各个选项,弹出输入框,输入正确的数据后点击确定。

Step4:各轴数据输入完毕后,点击【标定】按钮,保存数据,立即生效,保存是否成功可通过当前位置数据和编码器值数据检验。

4.恢复零点保存

恢复零点保存操作步骤如下。

Step1:选择【主菜单】→【投入运行】→【调整】→【校准】选项,如图 3-18 所示。

Step2:点击列表中的各个选项,弹出输入框,输入正确的数据(与标定时相同的数据)后点击确定。

Step3:各轴数据输入完毕后,点击【恢复】按钮,立即生效,恢复是否成功可通过运动回零点检验。

注意:

(1)不同机型机械零点的位置不完全相同,校准值也不尽相同。同样,在非零点位置处标定,校准值也不相同。

(2)零点标定完成后,需重启系统,以防标定后未重启导致系统升级造成的零点丢失。

## 三、软限位

软限位是基于机器人的校准零点得出的运动范围,以校准零点为前置条件,通过设定软限位开关,可限制所有机械手和定位轴的轴范围。软限位开关用作机器人防护,设定后可保证机器人运行在设置范围内。软限位开关在工业机器人运行时被设定。根据现场环境,依次对每个轴进行相应限位设置,轴数据的单位都是弧度单位。备注:设置限位需要 Final 用户组权限。

注意:在设置限位信息时,负限位的值必须小于正限位的值。

软限位操作步骤如下。

Step1:选择【主菜单】→【投入运行】→【软件限位开关】选项,如图 3-22 所示,限位配置界面如图 3-23 所示。

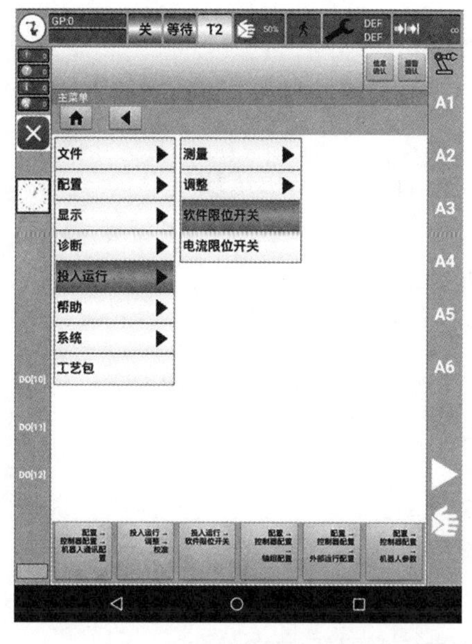


图 3-22　【软件限位开关】选项

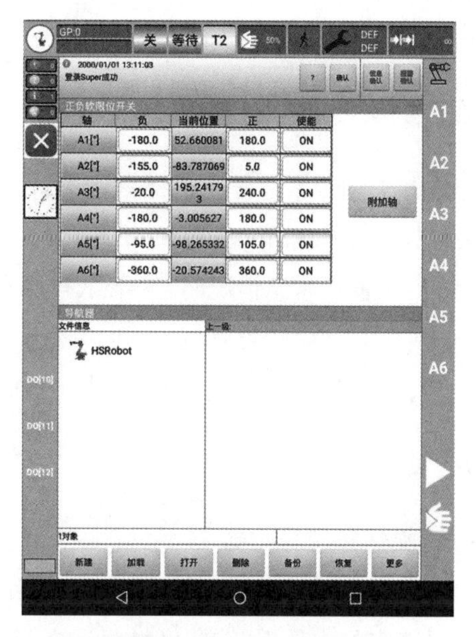


图 3-23　限位配置界面

Step2:选中某一轴,在表格中编辑限位数据,点击开启限位使能开关。

Step3:设置完所有轴的软限位信息之后,点击右侧【保存】按钮,如果保存成功,则提示栏会提示保存成功。软限位信息立即生效。

机器人投入运行时必须打开使能开关,使能开关的作用是设置限位是否生效。如果使能开关关闭,则限位不生效,因此,需要在设置限位信息后,启用使能开关。

## 四、超时设置

超时设置是为了避免机器人程序无限制等待。通过设置一个时间,配合 WAIT 超时指令使用。执行程序过程中,当运行到 WAIT 指令(WAIT TIME=值除外,WAIT TIME 没有超时功能),由于条件不满足处于堵塞状态时,等待时间超过设置的时间后,就会跳到相应的程序行继续执行。时间单位是毫秒(ms),若未设置时间,则超时时间默认为 100 ms。

超时设置操作步骤如下。

Step1:选择【主菜单】→【配置】→【控制器配置】→【超时设置】选项,超时设置界面如图 3-24所示。

Step2:选中时间输入框,输入时间。

Step3:设置完成后,点击【设置】按钮,设置立即生效。

图 3-24　超时设置界面

除了超时设置,当执行 WAIT 指令,处于堵塞状态时,也可通过点击下方菜单【更多】→【解除等待】的方式解除等待。点击【解除等待】按钮后，指针会移动到下一行，但机器人不执行下一行的程序，同时机器人对应的 I/O 输出进行相应的调整(相当于此时处于暂停状态)，需重新点击【开始】按键，方可进行程序的运行。如下一行已经没有指令，则回到程序第一行。

## 五、急停

急停开关用于紧急停止机器人运动，位于示教器的右上方(红色按钮)。

急停操作步骤如下。

Step1：在发生紧急情况时，按下示教器右上方的急停按键。

Step2：顺时针旋转急停按键，可以松开急停开关。

Step3：在示教器状态显示窗口，点击【报警确认】按钮可以清除掉急停错误。

## 六、文件功能

### (一)文件管理导航器

用户可在导航器中管理程序及所有系统相关文件。文件管理导航器如图 3-25 所示，左侧区域显示选定的文件夹，右侧区域显示在目录结构中选定目录下的文件。

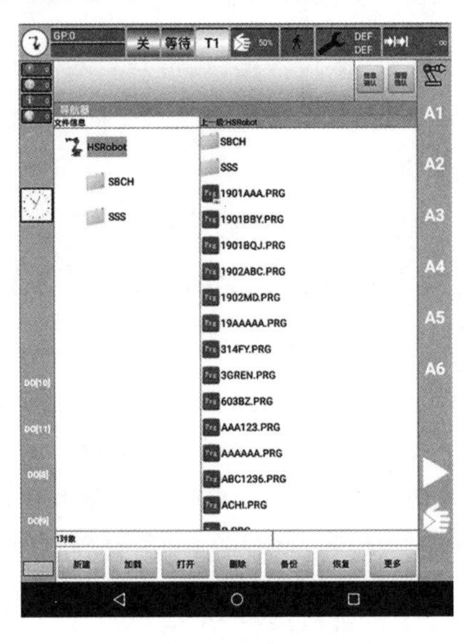


图 3-25　文件管理导航器

### (二)新建程序或文件夹

新建程序或文件夹操作步骤如下。

Step1：在目录结构中选定要在其中创建文件的文件夹。

Step2：点击【新建】按钮。

Step3：点击【程序】或【文件夹】单选按钮，如图 3-26 所示。

Step4：输入新建程序或文件夹的名称（名称中不能包含空格），并点击【确认】按钮。

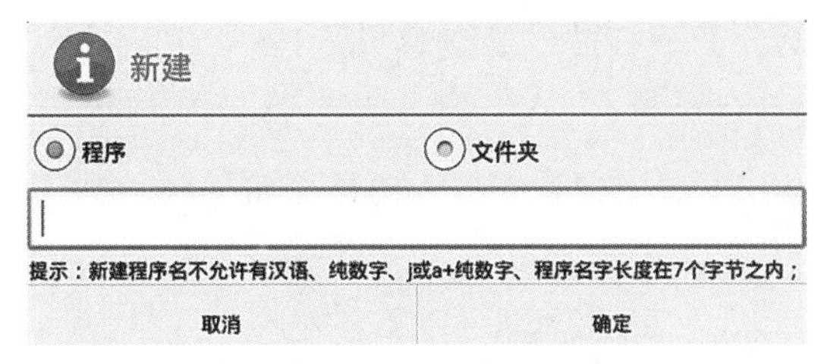


图 3-26　新建程序或文件夹

（三）备份还原设置

备份还原设置用于导航器界面文件的备份与还原。

备份还原设置操作步骤如下。

Step1：选择【主菜单】→【文件】→【备份还原设置】选项，打开【备份/还原设置】对话框，如图 3-27 所示。

Step2：设置备份和还原的路径为/udisk（U 盘）或默认路径（默认路径为示教本地），在 Super 权限下可以手动输入备份和还原的路径。

Step3：在导航器界面选中想要备份的文件，点击备份即可完成，备份文件位于设置的路径下。

Step4：在导航器界面，点击【恢复】按钮，会显示设置的还原路径下的文件，选择需要恢复的文件，点击【确定】按钮即可完成文件还原。如果是从 U 盘还原，则需要先插入 U 盘。

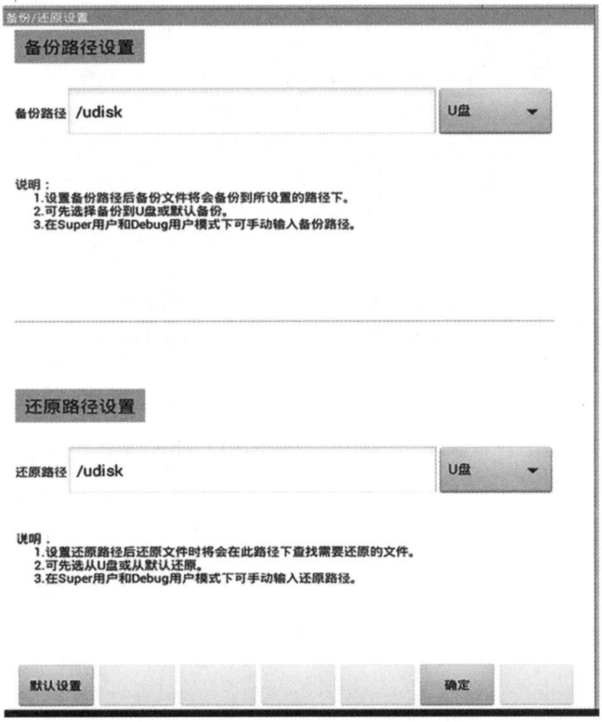

图 3-27　【备份/还原设置】对话框

示教器的程序文件存放于 ES 文件浏览器的/SD/HSpad/program 目录下，连接上 U 盘后，同样也可在 ES 文件浏览器界面下扫描到 U 盘目录。

### (四)文件的锁定与取消锁定

锁定只能针对文件操作，不可以针对文件夹操作。对于锁定的文件不能进行重命名、删除和打开操作。

文件的锁定与取消锁定操作步骤如下。

#### 1.文件锁定

Step1：在文件目录中选择要锁定的文件。

Step2：选择操作菜单栏里的【更多】→【锁定】选项，点击提示框中的【锁定】按钮。

Step3：完成锁定后，会弹出“锁定文件成功”对话框，如图 3-28 所示，选定的文件图标会显示一个锁的样式。

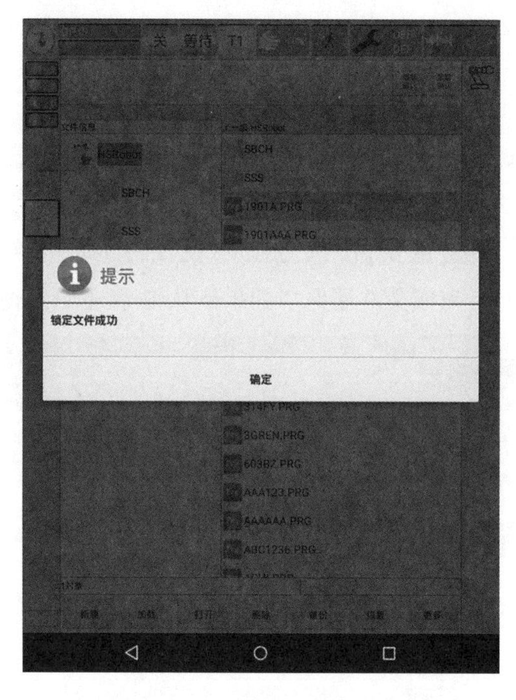


图 3-28 “锁定文件成功”对话框

#### 2.取消锁定

Step1：在文件目录中选择已锁定的文件。

Step2：选择操作菜单栏里的【更多】→【锁定】选项，点击提示框中的【取消锁定】按钮。

Step3：输入解锁密码，点击【确定】按钮后即可解锁当前选定的文件，解锁后会弹出“取消锁定文件成功”对话框，如图 3-29 所示。解锁初始密码为“hspad”。

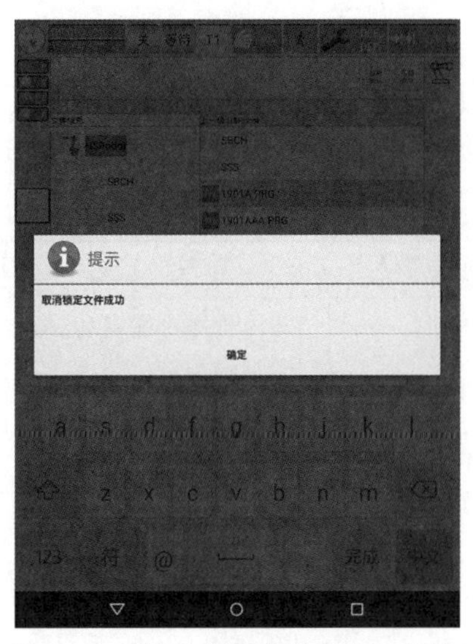


图 3-29　“取消锁定文件成功”对话框

3.更改解锁密码

Step1:在主菜单中点击【文件】→【锁定密码设置】选项,设定锁定密码配置界面如图 3-30 所示。

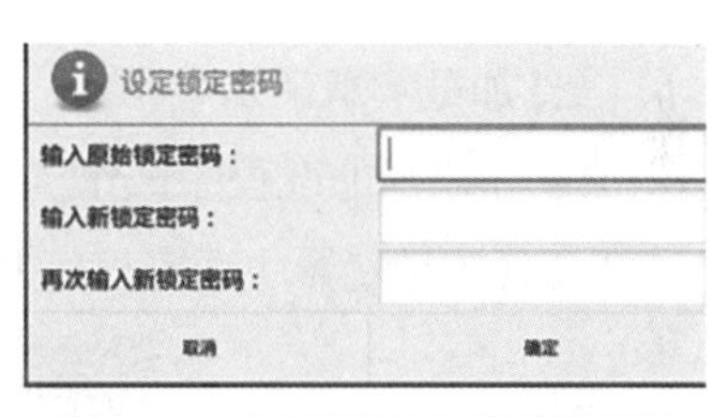


图 3-30　设定锁定密码配置界面

Step2:输入原密码和新密码后点击【确定】按钮即可保存新密码。

(五)文件/文件夹删除

文件/文件夹删除操作步骤如下。

Step1:在文件目录中标记未被锁定的文件或文件夹。

Step2:选择【编辑】→【删除】选项(文件未被锁定)。

Step3:点击【确认】按钮,如图 3-31 所示,被标记的文件或文件夹将会被删除。

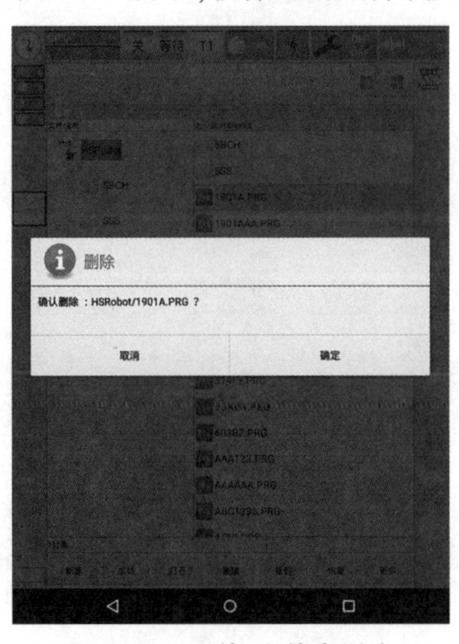


图 3-31　文件/文件夹删除

### （六）选择或打开程序

可以选择或打开一个程序，之后将显示出一个程序编辑器，而不是导航器。在程序显示和导航器之间可以来回切换。程序已加载和已打开的区别见表 3-5。

**表 3-5　程序已加载和已打开的区别**

| 程序已加载 | 程序已打开 |
| --- | --- |
| （1）语句指针将被显示。<br>（2）程序可以启动。<br>（3）点击【编辑】→【导航】按钮，在取消加载后，点击程序，进入到程序编辑器，可以对程序进行更改 | （1）程序不能启动。<br>（2）程序可以编辑。<br>（3）打开的程序适用于调试程序的人员进行编辑的情况。<br>（4）关闭时会弹出一个文件是否保存对话框。可以取消后继续编辑、保存或放弃保存。<br>（5）编辑程序之后，只有在保存或不保存之后退出才可以加载程序 |

### （七）加载和取消加载程序

加载和取消加载程序操作步骤如下。

Step1：在导航器中选定程序并加载，如图 3-32 所示。

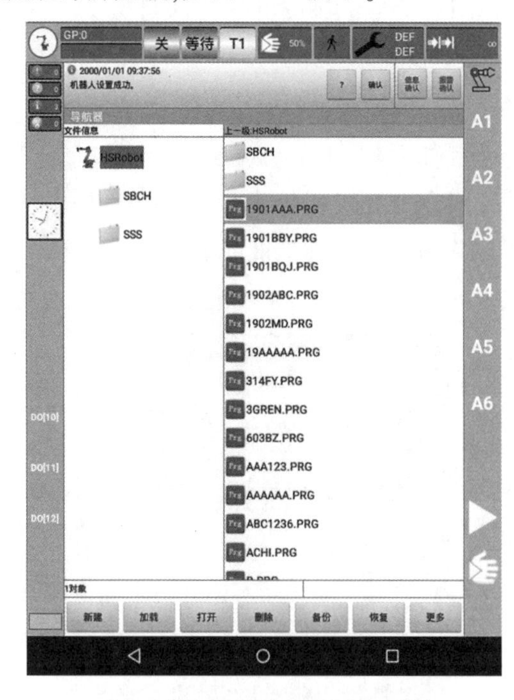


图 3-32　加载程序

Step2：编辑器中将显示该程序。选定的程序将会被加载到编辑器，编辑器中始终显示相应的打开文件，同时会显示运行光标。

Step3：取消加载程序可以选择【更多】→【取消加载程序】选项或直接点击【取消加载】按

钮。如果程序正在运行，则在取消加载程序前必须将程序停止。

### （八）日志文件管理

日志文件管理功能提供了获取控制器及示教器操作等相关日志功能。

日志文件管理操作步骤如下。

Step1：选择【菜单栏】→【文件】→【日志文件管理】选项，进入日志文件管理界面，如图 3-33所示。

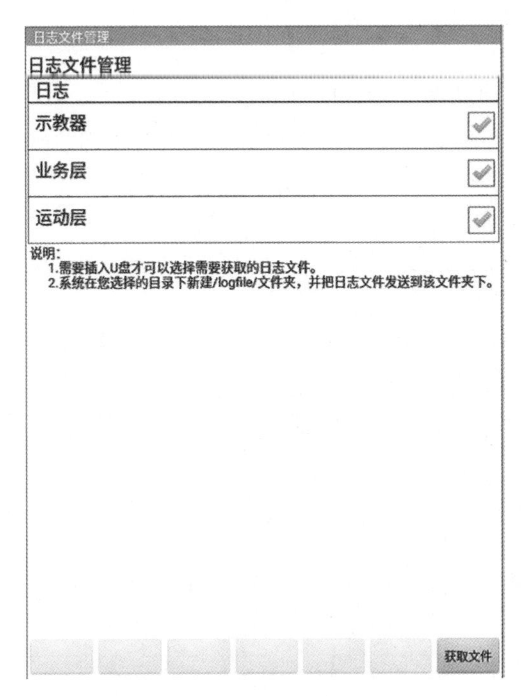


图 3-33　日志文件管理界面

Step2：勾选需获取日志对象复选框。

Step3：在 U 盘已插入示教器且保证识别到的情况下，点击【获取文件】按钮，弹出路径选择界面。

Step4：选择路径后点击【确定】按钮，将把日志文件发送到该文件夹下。

### （九）显示数字输入/输出端

输入端 REAL 只能通过真实外部脉冲给信号，VIRTUAL 能通过示教器给脉冲信号。

显示数字输入/输出端操作步骤如下。

Step1：选择【主菜单】→【显示】→【输入/输出端】→【数字输入/输出端】选项，数字输入/输出端配置界面如图 3-34 所示。

Step2：选择特定的输入端/输出端，通过界面右边按钮对 I/O 进行操作。

| 序号 | IO号 | 值 | 状态 | 说明 |
| --- | --- | --- | --- | --- |
| 1 | 0 | ○ | REAL | iPRG_LOAD |
| 2 | 1 | ○ | REAL | iPRG_START |
| 3 | 2 | ○ | REAL | iPRG_PAUSE |
| 4 | 3 | ○ | REAL | iPRG_STOP |
| 5 | 4 | ○ | REAL | iPRG_UNLOAD |
| 6 | 5 | ○ | REAL | iENABLE |
| 7 | 6 | ○ | REAL | iCLEAR_FAULTS |
| 8 | 7 | ○ | REAL | |

（a）数字输入端配置界面

| 序号 | IO号 | 值 | 状态 | 说明 |
| --- | --- | --- | --- | --- |
| 1 | 0 | ○ | REAL | oROBOT_READY |
| 2 | 1 | ○ | REAL | oPRG_READY |
| 3 | 2 | ○ | REAL | oPRG_RUNNING |
| 4 | 3 | ○ | REAL | oMANUAL_MODE |
| 5 | 4 | ○ | REAL | oAUTO_MODE |
| 6 | 5 | ○ | REAL | |
| 7 | 6 | ○ | REAL | |
| 8 | 7 | ○ | REAL | |

（b）数字输出端配置界面

图 3-34　数字输入/输出端配置界面

数字输入/输出端配置界面各字段说明见表 3-6。

**表 3-6　数字输入/输出端配置界面各字段说明**

| 字　段 | 说　明 |
| --- | --- |
| 序号 | 数字输入(IN)/输出序列号 |
| IO 号 | 数字输入(IN)/输出(OUT)号 |
| 值 | 输入/输出端数值。如果一个输入或输出端为 TRUE,则被标记为红色。点击【值】按钮可切换为 TRUE 或 FALSE |
| 状态 | 表示该数字输入/输出端为真实 I/O 还是虚拟 I/O,真实 I/O 显示为 REAL,虚拟 I/O 显示为 VIRTUAL |
| 说明 | 给该数字输入/输出端添加说明 |
| -100 | 在显示中切换到之前的 100 个输入或输出端 |
| 100 | 在显示中切换到之后的 100 个输入或输出端 |
| 切换 | 可在虚拟和实际输入/输出之间切换 |
| 保存 | 保存 I/O 说明 |

（十）变量列表

变量列表操作步骤如下。

Step1:选择【主菜单】→【显示】→【变量列表】选项,将显示相关变量列表,变量列表如图 3-35所示。

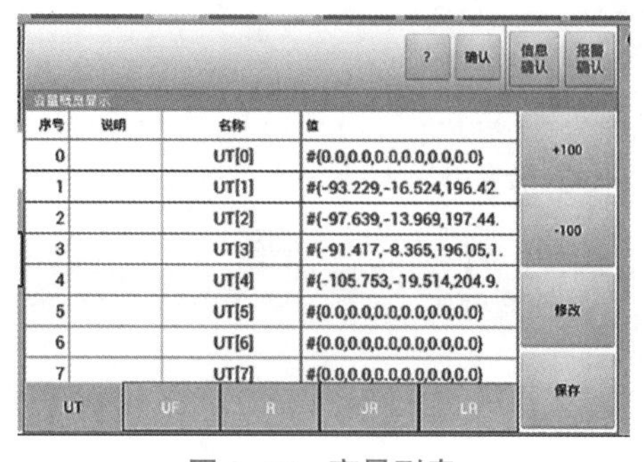


图 3-35　变量列表

Step2:点击不同的变量列表,则会显示相关变量。

Step3:通过右边的功能按钮可以翻页、修改和保存寄存器。

Step4:所有修改的操作必须点击【保存】按钮后才能保存进文件。

设置寄存器后,需点击【保存】按钮进行保存,若未保存,则断电重启后将丢失。

变量列表用于存放不同类型的寄存器数据,变量列表名及其含义见表 3-7。

**表 3-7　变量列表名及其含义**

| 变量列表名 | 含　义 |
| --- | --- |
| UT | 工具坐标系变量 |
| UF | 基坐标系变量 |
| R | 数值寄存器 |
| JR | 关节坐标寄存器 |
| LR | 笛卡儿坐标寄存器 |

### (十一)运行日志

示教器提供日志功能,可查看运行日志。选择【主菜单】→【诊断】→【运行日志】选项,显示运行日志界面,如图 3-36 所示,其按键说明见表 3-8。

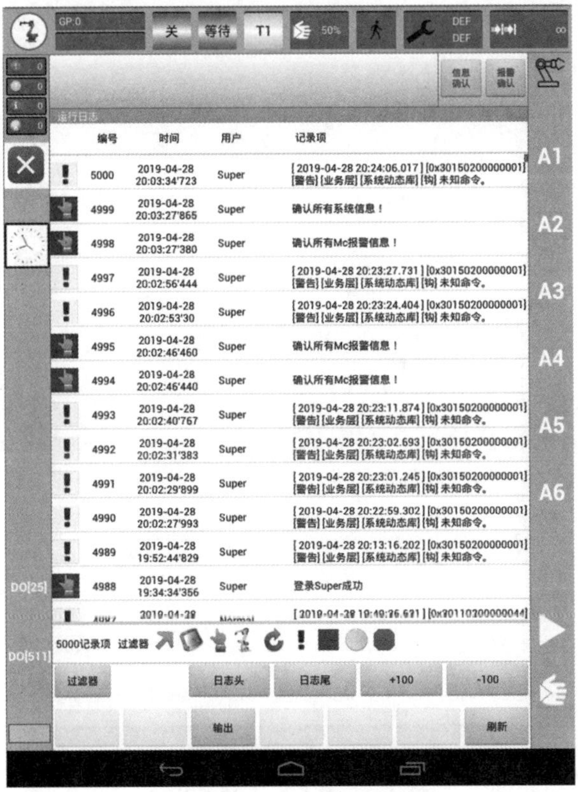

图 3-36　运行日志界面

表 3-8　运行日志界面按键说明

| 按　键 | 说　明 |
| --- | --- |
| 过滤器 | 设置日志显示条件 |
| 日志头 | 跳转到日志头部 |
| 日志尾 | 跳转到日志尾部 |
| +100 | 日志下翻 100 条 |
| -100 | 日志上翻 100 条 |
| 输出 | 输出当前显示的日志到文件 |
| 刷新 | 刷新当前日志 |

### (十二)过滤器

过滤器可过滤筛选显示指定内容。

过滤器操作步骤如下。

Step1:点击运行日志界面的【过滤器】按钮,运行日志筛选界面如图 3-37 所示。

Step2:设定需要显示的日志内容。

Step3:点击【确定】按钮后,会返回到运行日志界面,显示过滤后的日志内容。

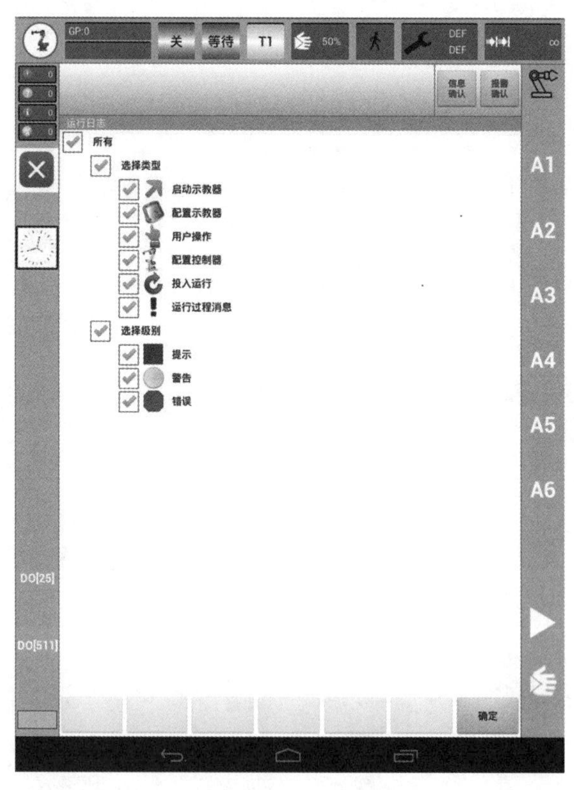


图 3-37　运行日志筛选界面

### (十三)日志配置

日志配置操作步骤如下。

Step1:选择【主菜单】→【诊断】→【运行日志】→【配置】选项,显示运行日志配置界面,如图3-38所示。

Step2:设定日志输出文件等。

Step3:点击【确定】按钮。

运行日志

日志文件输出设置:

仅输出筛选的日志内容

日志输出文件名: /mnt/sdcard/HSpad/log/logout.txt

日志缓冲区溢出设置:

在缓冲区溢出后提示

图3-38 运行日志配置界面

# 任务二 工业机器人基本操作

## 一、手动运行

### (一)动作模式

手动运行模式下的动作模式有两种:连续式和增量式。

#### 1. 连续式

连续式操作步骤如下。

Step1:手动运行模式下选择运行键的坐标系。

Step2:设定手动倍率。

运行键的一侧会显示以下名称:①A1—A6,对应机器人上标记的轴号;②$X$、$Y$、$Z$,用于沿选定坐标系的轴进行线性运动;③$A$、$B$、$C$,用于沿选定坐标系的轴进行旋转运动。

Step3:按住【安全】开关,此时使能处于打开状态。

Step4:按下【正】或【负】运行键,以使机器人朝正或反方向运动。

机器人在运动时的位置可以通过如下方法显示:选择【主菜单】→【显示】→【实际位置】选项。第一次运动时默认当前显示的为笛卡儿坐标位置,若显示的是轴坐标则可点击右侧笛卡儿按钮切换。

2. 增量式

增量式手动运行模式可以使机器人移动所定义的距离或角度（如 10 mm 或 3°）自行停止。增量式手动移动配置界面如图 3-39 所示。

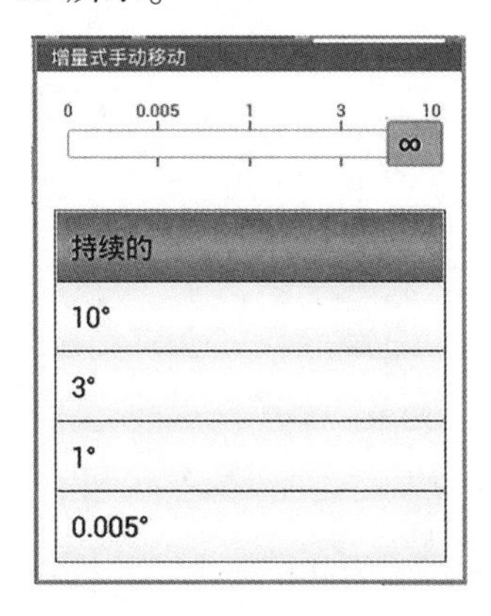


图 3-39　增量式手动移动配置界面

增量式手动运行模式的应用范围：①以同等距离进行点的定位；②从一个位置移出所定义的距离；③使用测量表调整。

下列选项可供使用，配置界面说明见表 3-9。

表 3-9　配置界面说明

| 字　段 | 说　明 |
| --- | --- |
| 持续的 | 已关闭增量式手动移动 |
| 100 mm/10° | 1 增量 ＝ 100 mm 或 10° |
| 10 mm/3° | 1 增量 ＝ 10 mm 或 3° |
| 1 mm/1° | 1 增量 ＝ 1 mm 或 1° |
| 0.1 mm/0.005° | 1 增量 ＝ 0.1 mm 或 0.005° |

注：mm 适用于笛卡儿运动；°适用于轴相关运动。

如果机器人的运动被中断，则在下一个动作中被中断的增量不会继续，而是会从当前位置开始一个新的增量。

（二）手动倍率

倍率用于表示运行时机器人的速率，它以百分比表示。手动运行模式下只能调节手动倍率，自动运行模式下只能调节自动倍率。

调节手动倍率操作步骤如下。

Step1：点击【倍率修调状态】图标，打开倍率调节量窗口，调节器配置界面如图 3-40 所示，点击相应按钮或拖动滚动条后倍率将被调节。

Step2：通过正负键或屏幕调节器可以设定希望的手动倍率。

正负键：可以以 100%、75%、50%、30%、10%、3%、1%的步距为单位设定。

调节器：可以以 1%的步距为单位进行设定。

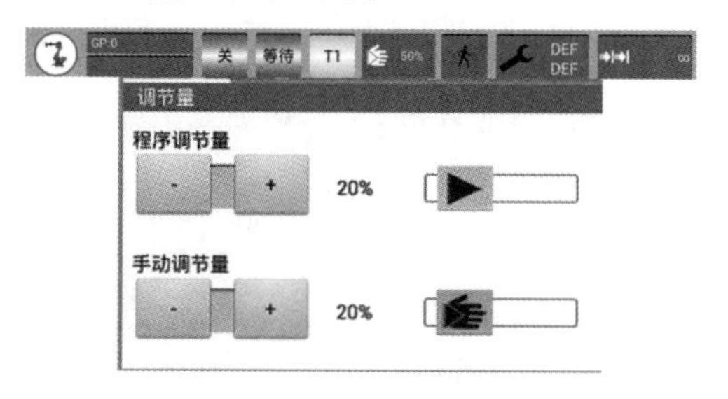


图 3-40 调节器配置界面

(三)工具选择和工件选择

最多可在机器人控制系统中储存 16 个工具坐标系和 16 个工件坐标系。加载程序前，当前实际位置以用户选择的工具工件为标准显示；加载程序（未运行）成功后，工具工件坐标系都显示为默认，无论加载前是否选择了非默认的工具工件坐标系。运行程序后，工具工件坐标系显示按照程序中调用了的工具工件坐标系；无调用则使用并显示默认工具工件坐标系；卸载程序时，还原为加载前调用的工具工件号。工具选择和工件选择配置界面如图 3-41 所示。

图 3-41 工具选择和工件选择配置界面

工具选择和工件选择操作步骤如下。

Step1：点击【工具和工件坐标状态】图标，打开激活的工具/工件坐标窗口。

Step2：选择所需的工具和工件坐标。

(四)显示实际位置

显示实际位置操作步骤如下。

Step1：选择【主菜单】→【显示】→【实际位置】选项，将显示笛卡儿式实际位置。

Step2：点击【轴相关】按钮以显示与轴相关的实际位置。

Step3：点击【笛卡儿式】按钮以再次显示笛卡儿式实际位置。

1. 笛卡儿式实际位置

显示 TCP 的当前位置($X,Y,Z$)和姿态($A,B,C$),笛卡儿式实际位置如图 3-42 所示。

2.轴相关的实际位置

显示轴 A1 至 A6 的当前位置。如果有附加轴,则也显示附加轴的位置,轴相关的实际位置如图 3-43 所示。

在机器人运行过程中,会实时更新每个轴的实际位置。

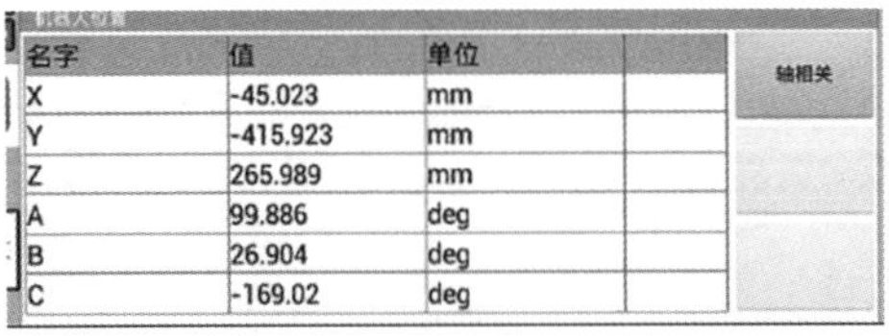

机器人位置

| 名字 | 值 | 单位 |
|---|---|---|
| X | -45.023 | mm |
| Y | -415.923 | mm |
| Z | 265.989 | mm |
| A | 99.886 | deg |
| B | 26.904 | deg |
| C | -169.02 | deg |

轴相关

图 3-42　笛卡儿式实际位置

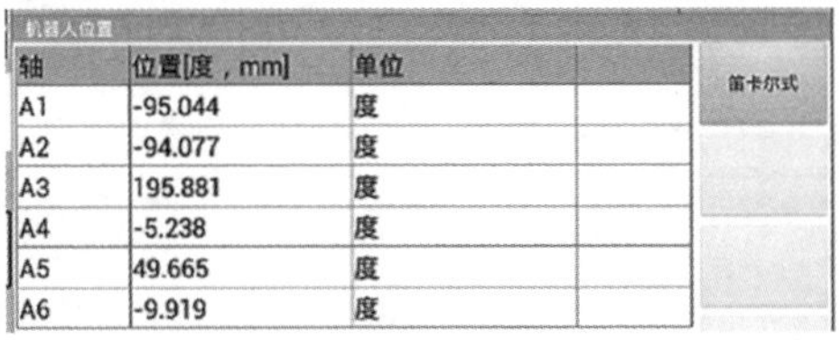

机器人位置

| 轴 | 位置[度，mm] | 单位 |
|---|---|---|
| A1 | -95.044 | 度 |
| A2 | -94.077 | 度 |
| A3 | 195.881 | 度 |
| A4 | -5.238 | 度 |
| A5 | 49.665 | 度 |
| A6 | -9.919 | 度 |

笛卡尔式

图 3-43　轴相关的实际位置

(五)运动到点

选择【主菜单】→【显示】→【变量列表】→【JR/LR 变量】选项,点击【更改】按钮,输入目标坐标,按下安全开关,点击【关节到点】或【直线到点】按钮,就可以将机器人运行到目标点位。如果是程序编辑界面,则选中运动指令行,按下安全开关,点击【关节到点】或【直线到点】按钮,也能实现该功能。圆弧指令不支持运动到点功能。笛卡儿坐标 LR,由于有不同的形态位,非手动获取坐标,手动输入的坐标,需确认后生成形态位,方可正确运动到点。

## 二、自动运行

自动运行操作步骤如下。

Step1:选择需要运行的模式手动 T1、手动 T2 或自动模式。

Step2:在导航器界面选中将要运行的程序,点击【加载】按钮。

Step3:手动 T1、T2 模式下,按下安全开关,程序运行过程中不要松开;在自动模式下,点击屏幕左上方的【使能】按钮,打开使能。

Step4:调整速度倍率到合适的数值。

Step5:待示教器上方显示程序为“准备”状态之后,点击示教器左侧的【运行】按键开始运行程序。

Step6:在程序运行的过程中,点击相应的按键可以实现程序的暂停和停止。

自动运行中的注意事项:

(1)在程序的运行过程中不允许切换模式。

(2)在程序的加载和运行过程中不允许编辑程序。

## 三、外部自动运行

配置外部信号是将系统信号和 I/O(输入/输出)索引建立映射关系的过程(即将功能与

I/O绑定)，建立映射关系后，可通过 I/O 信号执行程序运行，获取机器人状态等。所有的系统信号都必须经过配置后才能映射到对应的 I/O 点位上。在一个未进行外部信号配置的系统中，默认系统信号和 I/O 之前是没有映射连接关系的。

外部配置只能在手动模式 T1、T2 下操作。

(1)输入配置。通过绑定指定的输入信号，并触发输入信号，完成对外部程序进行常规操作，如上使能、加载、暂停、运行程序、清除报警等。

(2)输出配置。通过输出信号，显示机器人的一些状态，如程序状态、使能状态、当前模式、区域输出等。

外部配置操作步骤如下。

Step1：选择【主菜单】→【配置】→【输入/输出端】→【外部运行配置】选项，进入外部运行配置界面，外部运行的输入配置界面如图 3-44 所示。

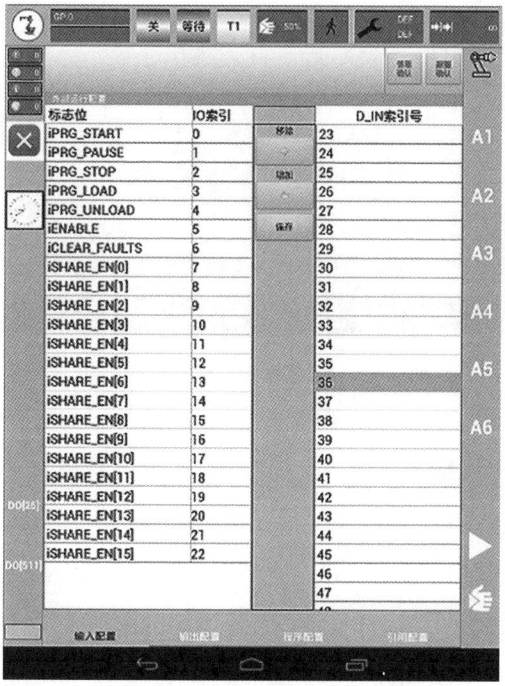

图 3-44　外部运行的输入配置界面

Step2：点击【输入配置】按钮，选中屏幕左侧的【标志位】，然后选中右侧的【D_IN 索引号】，再点击【←】按钮可以建立映射关系，点击【→】按钮可以取消映射关系。

Step3：点击【保存】按钮保存操作。

Step4：点击【输出配置】按钮，与上面的操作类似，可以设置输出的映射关系。

外部配置只能在手动模式 T1、T2 下操作。外部程序准备状态下，可点击卸载按键卸载外部程序。当运行程序时，需先暂停程序，再点击停止程序按钮卸载外部程序，外部运行的输出配置界面如图 3-45 所示。

系统输入信号表见附表 1,系统输出信号表见附表 2。

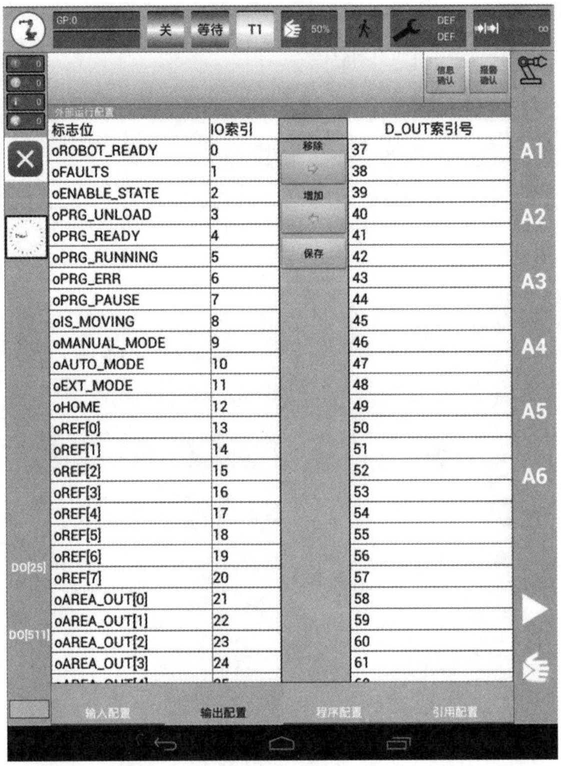
关
等待
T1
50%
信息确认
报警确认
外部运行配置
标志位
IO索引
D_OUT索引号
移除
增加
保存
oROBOT_READY 0 37
oFAULTS 1 38
oENABLE_STATE 2 39
oPRG_UNLOAD 3 40
oPRG_READY 4 41
oPRG_RUNNING 5 42
oPRG_ERR 6 43
oPRG_PAUSE 7 44
oIS_MOVING 8 45
oMANUAL_MODE 9 46
oAUTO_MODE 10 47
oEXT_MODE 11 48
oHOME 12 49
oREF[0] 13 50
oREF[1] 14 51
oREF[2] 15 52
oREF[3] 16 53
oREF[4] 17 54
oREF[5] 18 55
oREF[6] 19 56
oREF[7] 20 57
oAREA_OUT[0] 21 58
oAREA_OUT[1] 22 59
oAREA_OUT[2] 23 60
oAREA_OUT[3] 24 61
DO[25]
DO[511]
A1
A2
A3
A4
A5
A6
输入配置
输出配置
程序配置
引用配置

图 3-45　外部运行的输出配置界面

外部程序配置后,若有再修改或第一次加载,则需要手动或自动模式重新加载一遍,将程序更新下发至控制器。

外部程序配置操作步骤如下。

Step1:点击【程序映射寄存器】→【修改】按钮,输入程序映射寄存器 R 的索引号,外部运行配置界面如图 3-46 所示。

Step2:点击【程序映射寄存器】→【确认】按钮,程序映射寄存器设置完成。

Step3:点击选择任意序号,然后点击【配置】按钮(索引号共有 256 个,可同时配置 256 个外部程序)。

Step4:弹出程序选择界面,点击选择外部运行的程序。

Step5:点击【确定】按钮,完成外部程序配置。

Step6:点击操作栏上的【保存】按钮,保存外部程序配置。

假设程序映射寄存器为 R[1]且 R[1]=2 时,外部模式则加载索引号为 2 的程序;R[1]=0 时,则加载外部配置索引号为 0 的程序。即通过 R 寄存器的值,加载不同程序。

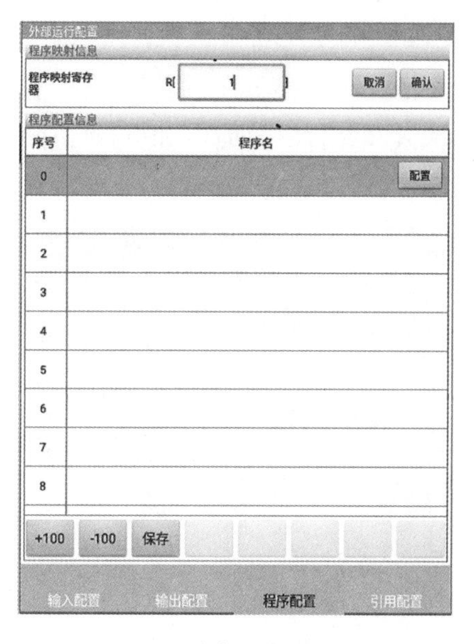


图 3-46　外部运行配置界面

引用配置:可配置指定的 JR 寄存器,当机器人当前处于指定 JR 寄存器的位置(如 JR[0]={0,-90,180,0,90,0})且机器人当前实际位置等于该坐标时,输出 JR[0]位置。在新增引用设置中,可设置信号名称、轴组号、寄存器、寄存器索引以及精度。

引用配置操作步骤如下。

Step1:点击【引用配置】按钮,进入到引用配置界面。

Step2:点击【新增】按钮,弹出“新增引用设置”对话框,如图 3-47 所示,设置 oREG、寄存器索引号和精度。

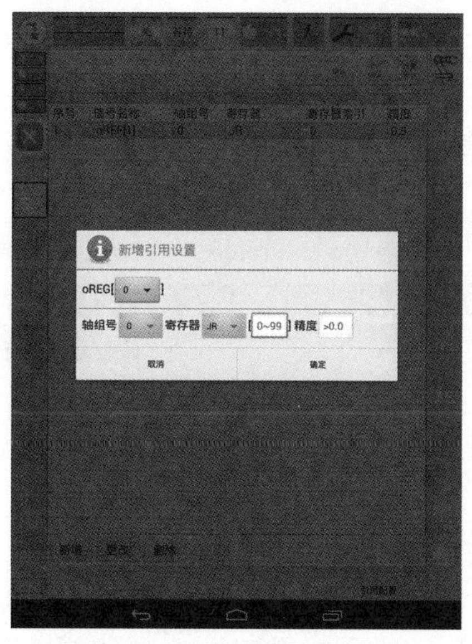


图 3-47　“新增引用设置”对话框

Step3：点击【确定】按钮，完成设置。

Step4：切换到外部模式，可通过触发 I/O 信号对机器人进行操作，或用示教器从菜单栏【显示】→【输入/输出端】→【数字输入/输出端】界面中，把相对应的 I/O 信号切换为 VIRTUAL 状态，进行外部运行调试，如图 3-48 所示。

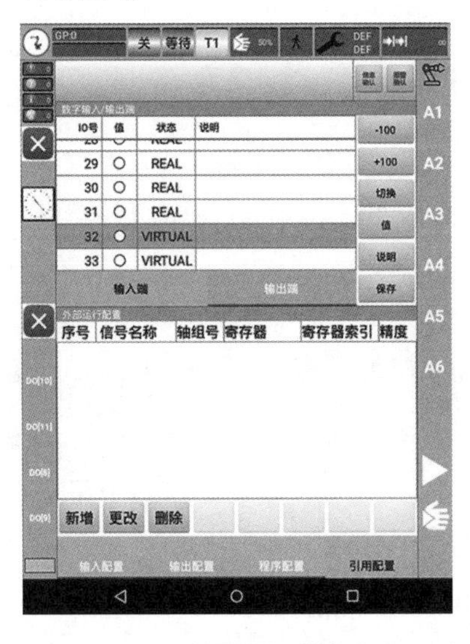


图 3-48　用示教器进行外部运行调试

## 四、工具/工件(基)坐标系的标定

### (一)工具/工件(基)坐标系选择

在华数工业机器人中，最多可在机器人控制系统中储存 16 个工具坐标系和 16 个工件坐标系。

选择工具/工件(基)坐标系操作步骤如下。

Step1：点击【工具和工件坐标状态】图标，打开激活的工具/工件坐标窗口，工具/工件(基)坐标系选择界面如图 3-49 所示。

Step2：选择所需的工具和工件坐标。

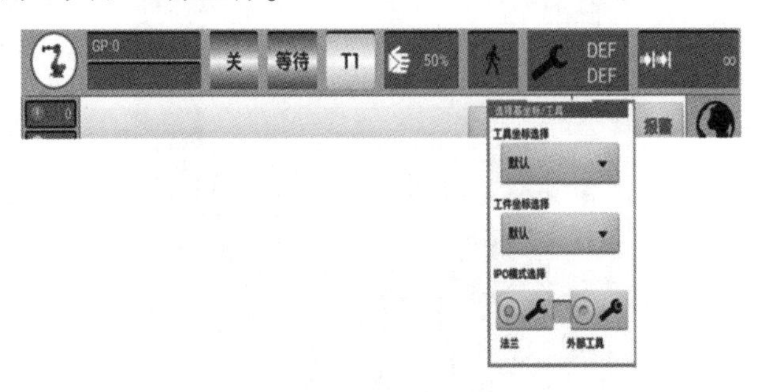


图 3-49　工具/工件(基)坐标系选择界面

（二）“三点法”标定工件坐标系

“三点法”标定工件坐标系操作步骤如下。

Step1：在示教器界面选择【主菜单】→【投入运行】→【测量】→【用户工件标定】选项，用户工件标定界面如图 3-50 所示。

图 3-50　用户工件标定界面

Step2：选择待标定的【用户工件号】按钮，可设置用户工件名称。

Step3：选择【标定方法】为 3 点法，点击【开始标定】按钮。

Step4：移动到工件坐标原点，点击【原点】，获取坐标记录原点坐标。

Step5：移动到标定工件坐标的 *X* 方向的任意点，点击【X 方向】，获取坐标记录坐标。

Step6：移动到标定工件坐标的 *Y* 方向的任意点，点击【Y 方向】，获取坐标记录坐标。

Step7：点击【标定】按钮，确定程序，计算出标定坐标值。“三点法”标定工件坐标系如图 3-51所示。

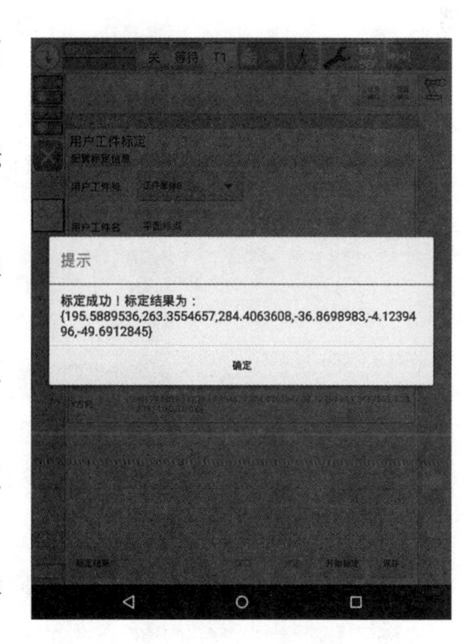


图 3-51　“三点法”标定工件坐标系

Step8：点击【保存】按钮，存储工件坐标的标定值，工件坐标系标定完成。

Step9:切换到用户坐标系,选择标定的工件号,走 $X$、$Y$、$Z$ 方向,则会按照标定的方向移动。

(三)"四点法"标定工具坐标系

将待测量工具的 TCP 从四个不同方向移向一个参照点,参照点可以任意选择。机器人控制系统从不同的法兰位置值中计算出 TCP。运动到参照点所用的四个法兰位置必须分散开足够的距离,"四点法"标定工具坐标系如图 3-52 所示。

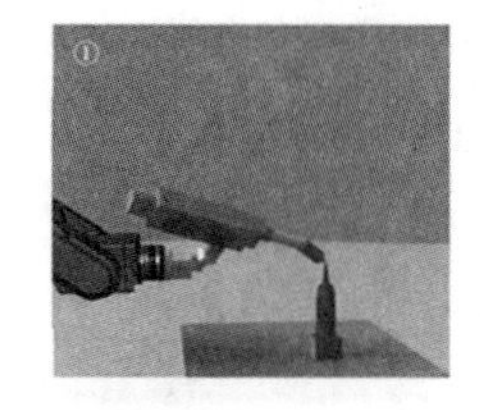

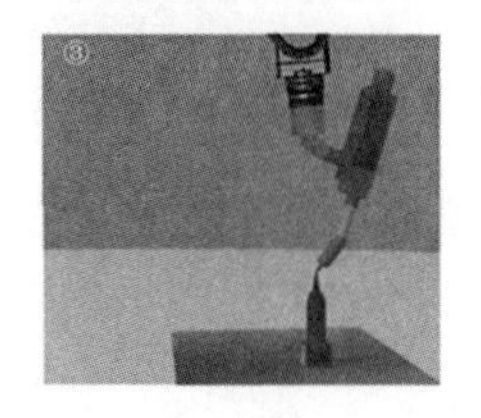

图 3-52 "四点法"标定工具坐标系

"四点法"标定工具坐标系操作步骤如下。

Step1:在示教器界面选择【主菜单】→【投入运行】→【测量】→【用户工具标定】选项,用户工具标定界面如图 3-53 所示。

图 3-53 用户工具标定界面

Step2:选择待标定的【用户工具号】按钮,可设置用户工具名称。

Step3:点击【开始标定】按钮。

Step4:移动到基坐标原点,点击【原点】,获取坐标,记录原点坐标。

Step5:移动到标定的参考点 1 的某点,点击【参考点 1】,获取坐标,记录坐标。

Step6:移动到标定的参考点 2 的某点,点击【参考点 2】,获取坐标,记录坐标。

Step7：移动到标定的参考点 3 的某点，点击【参考点 3】，获取坐标，记录坐标。

Step8：移动到标定的参考点 4 的某点，点击【参考点 4】，获取坐标，记录坐标。

Step9：点击【标定】按钮，确定程序计算出标定坐标，“四点法”标定工具坐标系如图 3-54 所示。

Step10：点击【保存】按钮，存储工具坐标的标定值。

Step11：切换到工具坐标系，选择标定的工具号，走 $A$、$B$、$C$ 方向，则机器人工具 TCP 会绕着工件旋转。

### （四）“六点法”标定工具坐标系

与“四点法”类似，“六点法”可以将工具的姿态标定出来，记录点位时，第五个点和第六个点分别用来记录工具 $Z$ 轴上的点和 $ZX$ 平面上的点，具体方法参考“四点法”，“六点法”标定工具坐标系如图 3-55 所示。

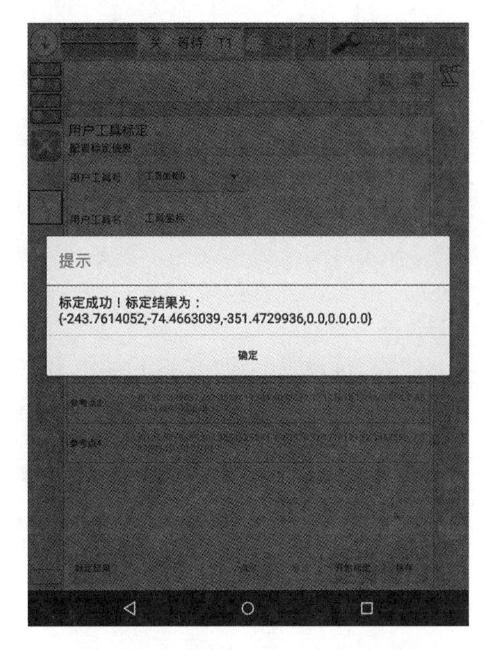


图 3-54　“四点法”标定工具坐标系

图 3-55　“六点法”标定工具坐标系

## 五、双码联控

双码联控用于将程序进行虚拟迭代运行，优化出最优的运动轨迹速度，并将运动参数添加至运动指令处。

程序优化过程中为虚拟执行，可不上使能。优化程序只优化运动指令（直线及圆弧）。优化后会将新的运动参数插入到程序，需保留时可先复制，多保留一份程序再进行优化。优化成功的程序标志位显示为绿色，若修改程序则恢复原来的标志颜色，可多次优化。其中优化的程序并非绝对理想的速度轨迹，可做参考并做二次更改调试。优化过程中不允许操作。

程序优化操作步骤如下。

Step1:点击光标选中需优化的程序。注:建议保留原程序,先多复制一份程序再进行优化。

Step2:点击右下角【更多】→【优化】按钮,一段时间后,程序优化完成,程序颜色会显示为绿色。

## 六、跳转功能

在手动模式下,程序支持跳转运行,将程序指针跳转到选择行再运行,则会从选中行处开始顺序往下执行。

跳转功能操作步骤如下。

Step1:手动模式下,加载一个程序,手动上使能。

Step2:选中程序中任意一行指令,点击【运行】按钮,程序运行界面的运行指针跳转到选中的这一行。

Step3:再次点击【运行】按钮,程序会执行当前指令。如果当前运行模式为单步运行,则执行完该行指令之后,运行指针指向下一行指令;如果当前运行模式为连续运行,则运行完当前指令之后,程序会继续向下执行,直至程序运行完成。

跳转功能可以配合后退功能使用,后退时只执行运动指令,其他指令不执行。

## 七、回退功能

回退功能的作用是:在手动模式下加载程序,手动上使能,每点击一次【后退】按钮,机器人后退执行当前加载的程序中回退指针所指指令。若程序中有显示回退指针,则证明当前情景下可回退;若没有显示回退指针,则证明当前情景下不可回退,按下【回退】按键会提示相应的报警信息。

# 项 目 测 评

1.请根据所学知识,分别写出工业机器人内部轴校准、外部轴校准、绝对零点保存和恢复零点保存的操作步骤,并填入表 3-10。

**表 3-10 工业机器人零点校准操作步骤**

| 零点校准 | 操作步骤 |
| --- | --- |
| 内部轴校准 | |
| 外部轴校准 | |
| 绝对零点保存 | |
| 恢复零点保存 | |

2.请根据所学知识,分别写出工业机器人"三点法"标定工件坐标系、"四点法"标定工具坐标系、"六点法"标定工具坐标系的操作步骤,并填入表 3-11。

**表 3-11 工业机器人标定工具/工件坐标系操作步骤**

| 标定工具/工件坐标系 | 操作步骤 |
| --- | --- |
| "三点法"标定工件坐标系 | |
| "四点法"标定工具坐标系 | |
| "六点法"标定工具坐标系 | |

# 项目四　工业机器人基础编程

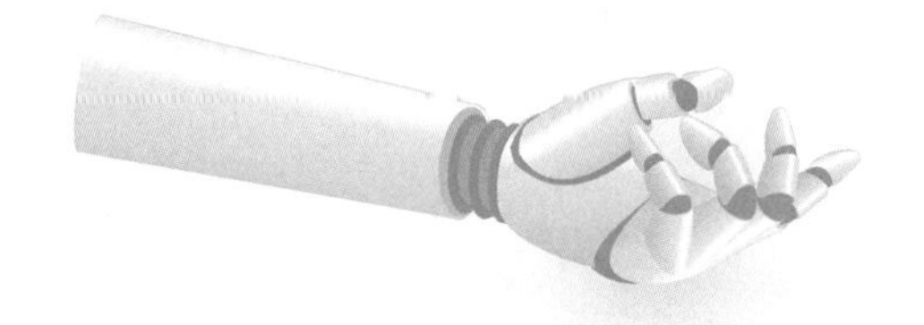

## 学思课堂

当前,机器人产业蓬勃发展,正极大地改变着人类生产和生活方式,同时也为经济社会发展注入强劲动能。党的二十大报告指出:“巩固优势产业领先地位,在关系安全发展的领域加快补齐短板,提升战略性资源供应保障能力。”按照“十四五”规划总体部署,落实《“十四五”机器人产业发展规划》重点任务,加快推进机器人应用拓展,决定开展“机器人+”应用行动。工业和信息化部、教育部等十七个部门联合印发《“机器人+”应用行动实施方案》。冲锋的号角已经吹响,青年们要坚持不懈地努力奋斗,争取成为全面发展的社会主义建设者和接班人。

## 学习目标

1.掌握工业机器人的编程指令。

2.掌握工业机器人的运动指令。

3.掌握工业机器人的I/O指令、寄存器指令。

4.使用工业机器人完成平面绘图操作。

5.使用工业机器人完成斜面搬运操作。

6.使用工业机器人完成工件码垛操作。

7.使用工业机器人完成电机装配操作。

# 任务一　编 程 指 令

华数工业机器人指令类型及类型中包含的指令见表 4-1。

表 4-1　华数工业机器人指令类型及指令

| 指令类型 | 指　令 |
|---|---|
| 运动指令 | J<br>L<br>C |
| 条件指令 | IF |
| 流程指令 | CALL<br>GOTO<br>LBL |
| 循环指令 | WHILE<br>FOR<br>BREAK |
| I/O 指令 | DO<br>WAIT<br>WAIT TIME |
| 赋值指令 | UFRAME_NUM<br>UTOOL_NUM<br>CNT<br>J_VEL<br>J_ACC<br>J_DEC<br>L_VEL<br>L_ACC<br>L_DEC<br>L_VROT<br>C_VEL<br>C_ACC<br>C_DEC<br>C_VROT |

续表

| 指令类型 | 指　令 |
| --- | --- |
| 赋值指令 | R<br>JR<br>LR<br>P |
| 手动指令 | 手动输入指令 |

## 一、运动指令

运动指令有关节运动 J 指令，直线运动 L 指令，以及画圆弧 C 指令。运动指令编辑框如图 4-1 所示，其中各按钮的含义见表 4-2。

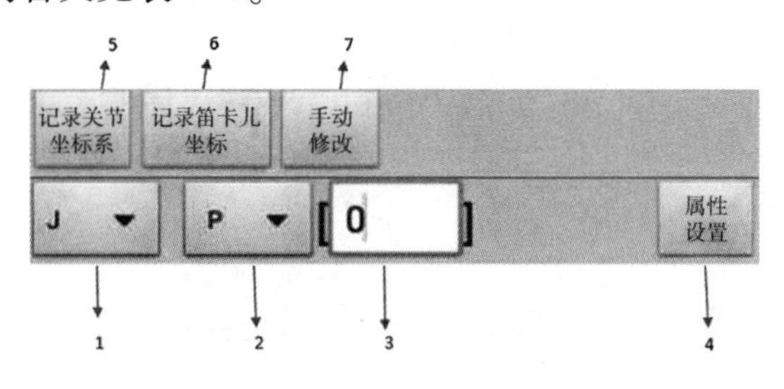


图 4-1　运动指令编辑框

**表 4-2　运动指令**

| 编　号 | 指 令 说 明 |
| --- | --- |
| 1 | 选择指令，可选 J、L、C 三种指令。当选择 C 指令时，对话框会弹出两个点用于记录位置 |
| 2 | 新记录的点的名称，光标位于此时可点击记录关节或记录笛卡儿坐标 |
| 3 | 设置运行速度 |
| 4 | 参数设置，可在参数设置对话框中添加或删除点对应的属性 |
| 5 | 为该新记录的点赋值为关节坐标值 |
| 6 | 为该新记录的点赋值为笛卡儿坐标 |
| 7 | 点击后可打开一个修改坐标对话框，打开可手动修改坐标值（需先记录点位信息，修改的坐标对应记录的坐标类型） |

### （一）J 指令和 L 指令

J 指令用于选择一个点位之后，当前机器人位置与选择点之间的任意运动，运动过程中不进行轨迹控制和姿态控制；L 指令用于选择一个点位之后，当前机器人位置与记录点之间的直线运动。

J 指令和 L 指令操作步骤如下。

Step1:选中需要插入指令行的上一行。

Step2:点击【指令】→【运动指令】→【J】或【L】。

Step3:输入点位名称。

Step4:配置指令的参数(不设置时为默认运动参数)。

Step5:手动移动机器人到需要的姿态或位置。

Step6:选中点位输入框,点击【记录关节】或【记录笛卡儿】按钮(J 指令只能选择记录关节),指令修改框右上方会显示记录的坐标。

Step7:点击操作栏中的【确定】按钮,添加 J 指令或 L 指令完成。

J 指令和 L 指令程序示例如下。

```
LBL[1]
J P[1] VEL=100 ACC=100 DEC=100
L P[2] VEL=800 ACC=100 DEC=100
GOTO LBL[1]
```

### (二)C 指令

C 指令为圆弧指令,机器人示教圆弧的当前位置与选择的两个点形成一个圆弧,即三点成一个圆弧。

C 指令操作步骤如下。

Step1:标定需要插入指令行的上一行。

Step2:点击【指令】→【运动指令】→【C】。

Step3:点击第一个位置点输入框,移动机器人到需要的姿态点或轴位置,点击【记录关节】或【记录笛卡儿坐标】按钮,记录圆弧第一个点完成。

Step4:点击第二个位置点输入框,移动机器人到需要的目标姿态或位置,点击【记录关节】或【记录笛卡儿坐标】按钮,记录圆弧目标点完成。

Step5:配置指令的参数,运动参数见表 4-3。

**表 4-3　运动参数**

| 名　称 | 说　明 |
| --- | --- |
| VEL | 速度 |
| CNT | 平滑系数 |
| ACC | 加速比 |
| DEC | 减速比 |
| VROT | 姿态速度 |

Step6：点击操作栏中的【确定】按钮，添加 C 指令完成。

C 指令程序示例如下。

```
J P[1]
C P[1] P[2] VEL=600 ACC=100 DEC=100
```

## 二、条件指令

条件指令用于机器人程序中的运动逻辑控制。条件指令有两种：IF…，GOTO LBL[ ]和 IF…，CALL 子程序。对于 IF…，GOTO LBL[ ]，当条件成立时，则执行 GOTO 部分代码块；条件不成立时，则顺序执行 IF 下行开始的代码块。对于 IF…，CALL 子程序，当条件成立时，则执行子程序代码后再顺序往下执行；条件不成立时，则执行 IF 下行开始的代码块，忽略调用的子程序。

条件指令操作步骤如下。

Step1：选中需要添加 IF 指令行的上一行。

Step2：点击【指令】→【条件指令】→【IF】，IF 指令如图 4-2 所示。

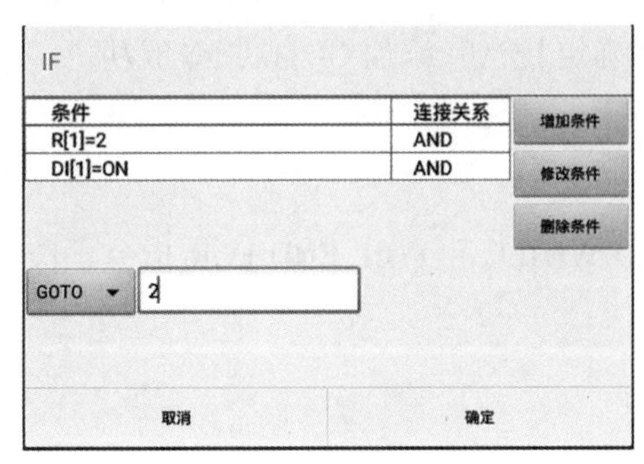


图 4-2　IF 指令

Step3：点击修改框上方的【符号】按钮，可以快速增加条件；点击右侧按钮，可以增加、删除、修改条件，在记录该语句时会按照添加顺序依次连接条件列表。

Step4：点击操作栏中的【确定】按钮，添加 IF 指令完成。

条件指令程序示例如下。

```
LBL[1]
IF R[1]=1, GOTO LBL[2]
J P[1] VEL=50
GOTO LBL[3]
LBL[2]
```

```
J P[2] VEL=50
LBL[3]
GOTO LBL[1]
IF R[1]=2,CALL"TEST.PRG"
```

## 三、流程指令

GOTO 指令和 LBL 指令结合使用完成程序的跳转,GOTO 将会跳转到 LBL 指定的行。使用 GOTO LBL[ ]和 LBL[ ]可实现程序循环运行。

流程指令操作步骤如下。

Step1:选定需要插入指令行的上一行。

Step2:点击【指令】→【流程指令】→【LBL】,输入标签号。

Step3:点击操作栏的【确定】按钮,插入 LBL 指令成功。

Step4:选择需要跳转的指令行。

Step5:点击【指令】→【流程指令】→【GOTO】,在输入框输入标签号。

Step6:点击操作栏中的【确定】按钮,添加 GOTO 指令成功。

## 四、循环指令

循环指令有 WHILE、END WHILE 和 FOR、END FOR 指令,可以用逻辑条件判断,执行程序块循环。

循环指令操作步骤如下。

### 1.WHILE 指令

Step1:选定需要插入指令行的上一行。

Step2:点击【指令】→【循环指令】→【WHILE】→【选项】。

Step3:在【增加条件】中输入所需内容,如“R[1]=0”,点击【确定】按钮。

Step4:连续点击【确定】按钮,添加 WHILE R[1]=0。

Step5:点击【指令】→【循环指令】→【END WHILE】→【选项】。

Step6:点击【确认】按钮,添加 WHILE 循环指令完成。

WHILE 指令程序示例如下。

```
WHILE R[1]=0
J P[1] VEL=50
J P[2] VEL=50
END WHILE
```

注意：

(1)当 R[1]=0 时,P[1]和 P[2]执行运动程序;当 R[1]≠0 时,则不执行循环体的运动程序。

(2)当 R[1]=0 且取消 BREAK 注释时,P[1]和 P[2]只执行一遍便退出循环。

2.FOR 指令

Step1:选定需要插入指令行的上一行。

Step2:点击【指令】→【循环指令】→【FOR】。

Step3:添加 FOR 指令的内容,如“FOR R[1] = 0 TO 3 BY 1”。

Step4:点击【确定】按钮。

Step5:点击【指令】→【循环指令】→【END FOR】→【选项】。

Step6:点击【确认】按钮,添加 FOR 循环指令完成。

FOR 指令程序示例如下。

```
FOR R[1] = 0 TO 3 BY 1
J P[1] VEL=50
J P[2] VEL=50
END FOR
```

注意:设置 R[1]的初始值为 0,从 0~3,依次增加,步进值为 1,P[1]和 P[2]执行循环运动 4 次。

## 五、I/O 指令

I/O 指令有 DI、DO 和 WAIT 指令。DO 指令可用于给当前 I/O 赋值为 ON 或者 OFF,也可用于在 DI 和 DO 之间传值;WAIT 指令用于阻塞等待一个指定信号;WAIT TIME 指令用于睡眠等待,单位为 ms。

I/O 指令操作步骤如下。

1.DO 指令

Step1:选中需要添加 DO 指令行的上一行。

Step2:点击【指令】→【I/O 指令】→【DO】。

Step3:在第一个输入框中输入 I/O 序号。

Step4:在第二个选择框选择相应的值或 I/O,如果选择了 I/O,则需要在对应的输入框输入相应的 I/O 序号。

Step5:点击操作栏中的【确定】按钮,完成 I/O 指令的添加。

2.WAIT 指令

Step1:选择需要添加 WAIT 指令行的上一行。

Step2:在一个选择框中选择任一等待的信号,如 DI、DO、R、TIME(单位为 ms),输入相应的值。

Step3:点击操作栏中的【确定】按钮完成 WAIT 指令的添加。

WAIT 指令程序示例如下。

```
WAIT R[1]=1
J P[1] VEL=100
DO[1]=ON
DO[2]=OFF
WAIT TIME = 100
J P[2] VEL=100
```

## 六、赋值指令

赋值指令分为寄存器指令、全局变量指令两部分。

### (一)寄存器指令

寄存器指令包含 R[ ]、JR[ ]、LR[ ]、JR[ ][ ]、LR[ ][ ]、P[ ]和 P[ ][ ]。寄存器指令用于寄存器赋值、更改等,其中包括浮点型的 R 寄存器、关节坐标类型的 JR 寄存器和笛卡儿类型的 LR 寄存器。R 寄存器、JR 寄存器和 LR 寄存器各有 300 个可供用户使用。一般情况下,用户将预先设置的值赋值给对应索引号的寄存器,如 R[0]=1,JR[0]=JR[1],LR[0]=LR[1],寄存器可以直接在程序中使用。

寄存器指令操作步骤如下。

Step1:选中需要添加寄存器指令行的上一行。

Step2:点击【指令】→【赋值指令】。

Step3:在第一个输入框中,“寄存器”下拉列表中选择寄存器类型。

Step4:输入框中输入寄存器索引号。

Step5:在第二个输入框中重复步骤 3 和 4。

Step6:点击操作栏中的【确定】按钮,完成赋值寄存器指令的添加。

寄存器指令程序示例如下。

```
R[1] = 1
R[1] = R[2]
R[1] = R[1]+1
R[1] = DI[1]
R[1] = DO[1]
```

```
R[1] = JR[0][0]+LR[0][1] * R[2]-(R[3]/2+R[4])
JR[1] = JR[2]
JR[1] = JR[1]+JR[2]
JR[1][1] = JR[1][R[1]] * 2
JR[1][1] = JR[1][1] * R[2]
JR[R[1]][R[2]] = JR[1][0]-R[1]
```

其中,JR[0][0]指的是JR寄存器索引[0]的第一个轴,即0假设JR[0]={0,-90,180,0,90,0}。

(二)全局变量指令

全局变量指令分为坐标系指令和全局运动参数指令两部分。坐标系指令包括为基坐标系UFRAME和工具坐标系UTOOL,可以选择定义的坐标系编号来切换坐标系,工具、工件号为0~15,默认坐标系为-1。该指令用于程序调用工具、工件号(程序中记录点位,若使用了工具工件,则需把工具工件坐标系添加至程序中)。全局运动参数指令用于定义程序全局参数,生效于整个程序,自带参数的除外。

全局变量指令操作步骤如下。

Step1:选中需要添加全局变量指令行的上一行。

Step2:点击【指令】→【赋值指令】。

Step3:在第一个输入框中,“全局变量”下拉列表中选择类型。

Step4:在第二个输入框中输入值。

Step5:点击操作栏中的【确定】按钮,完成赋值全局变量指令的添加。

全局变量指令程序示例如下。

```
LBL[1]
UFRAME_NUM=1
UTOOL_NUM=1
L_VEL = 500
L_ACC = 80
L_DEC = 80
L P[1] '调用工具号1和工件号2,以及设置的全局直线运动参数
L P[2] VEL = 200 ACC = 60 DEC = 60 '使用自己的直线速度、加速比、减速比
UFRAME_NUM = -1
UTOOL_NUM = -1
```

```
L P[1] '调用默认坐标系工具号-1 和工件号-1,以及设置的全局直线运动参数
L P[2] '调用默认坐标系工具号-1 和工件号-1,以及设置的全局直线运动参数
```

运动参数如下：

CNT'平滑过渡为 0,默认为不平滑

J_VEL '关节速度

J_ACC '关节加速比

J_DEC '关节减速比

L_VEL '直线速度

L_ACC '直线加速比

L_DEC '直线减速比

L_VROT '直线姿态速度

C_VEL '圆弧速度

C_DEC '圆弧减速比

C_ACC '圆弧加速比

C_VROT '圆弧姿态速度

### 七、手动指令

手动指令用于手动输入命令行。

手动指令操作步骤如下。

Step1：选中需要插入手动指令的上一行。

Step2：输入指令。

Step3：点击操作栏中的【确定】按钮,完成指令的添加。

## 任务二　平面绘图操作

### 一、操作步骤

平面绘图操作步骤如下。

Step1：手动将绘图纸平整地放在绘图模块上,并用磁铁或书夹进行固定,曲面文字书写如图 4-3 所示。

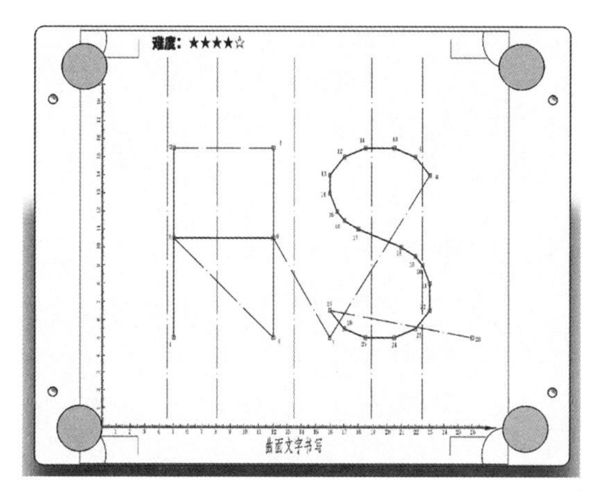


图 4-3 曲面文字书写

Step2：平台上电（顺时针旋转平台右边的旋转开关）、打开空压机开关（黑色旋钮至 ON 空压机上电，待压力表指针旋转到 0.6 MPa 时，顺时针旋转绿色开关打开气阀），如图 4-4 所示。

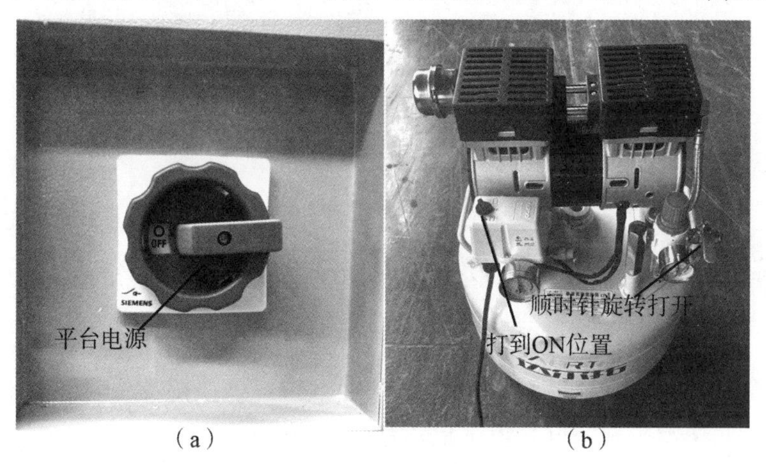


图 4-4 平台上电、打开空压机开关

Step3：将急停按钮旋起，待系统启动完成，在示教器上确认或清除报警等信息，电柜及示教器操作如图 4-5 所示。

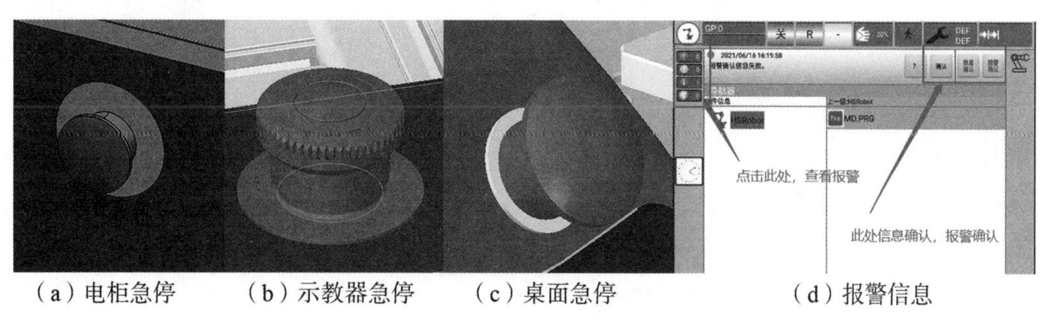


图 4-5 电柜及示教器操作

Step4:I/O 信号检测(手动模式下进行操作)的详细操作见表 4-4。

**表 4-4　I/O 信号检测的详细操作**

| 序　号 | 操作名称 | 控制 I/O 点 |
| --- | --- | --- |
| 1 | 快换盘松开 | DO[8] |
| 2 | 快换盘夹紧 | DO[9] |
| 3 | 直口夹具松开 | DO[10] |
| 4 | 直口夹具夹紧 | DO[11] |
| 5 | 吸盘吸气 | DO[12] |

Step5:流程分析,如图 4-6 所示。

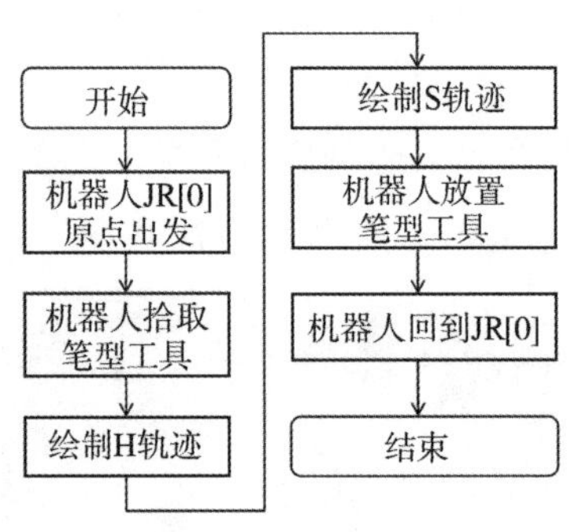


图 4-6　流程分析

Step6:在默认的工具坐标系和工件坐标系下,手动操作机器人,以笔型工具尖点为基准,采用四点标定,进行工具坐标系标定,保存在工具坐标 4 并验证。

Step7:新建“取笔型工具”程序,程序命名为“QB.PRG”。

Step8:新建“放笔型工具”程序,程序命名为“FB.PRG”。

Step9:新建“轨迹绘图”程序,程序命名为“HT.PRG”,图 4-3 中的 1~27 点,对应程序中的P[1]~P[27]。

## 二、程序说明及示例

### (一)“取笔型工具”程序

“取笔型工具”程序说明如下。

JR[0]:机器人原点;

LR[11]:笔型工具拾取点(示教点);

LR[12]:笔型工具上方 20 mm 点(计算点);

LR[13]:笔型工具正上方点(计算点);

R[110]:$Z$ 方向偏移量(数值)。

“取笔型工具”程序示例如下。

```
UTOOL_NUM = -1  '调用默认工具坐标系
UFRAME_NUM = -1   '调用默认工件坐标系
J JR[0]  '原点
R[110] = 20
LR[13] = LR[11]
LR[13][2] = LR[13][2]+8 * R[110]
L LR[13]  '笔型工具正上方点
LR[12] = LR[11]
LR[12][2] = LR[12][2]+R[110]
L LR[12]  '笔型工具上方 20 mm 点
WAIT TIME = 100
DO[8] = ON  '快换松
DO[9] = OFF
WAIT TIME = 100
L LR[11] VEL=200  '笔型工具拾取点
WAIT TIME = 100
DO[8] = OFF  '快换紧
DO[9] = ON
WAIT TIME = 100
L LR[12]
L LR[13]
J JR[0]   '原点
```

### (二)“放笔型工具”程序

“放笔型工具”程序说明如下。

JR[0]:机器人原点;

LR[11]:笔型工具拾取点(示教点);

LR[12]:笔型工具上方 20 mm 点(计算点);

LR[13]:笔型工具正上方点(计算点);

R[110]:$Z$ 方向偏移量(数值)。

“放笔型工具”程序示例如下。

```
UTOOL_NUM = -1  '调用默认工具坐标系
UFRAME_NUM = -1  '调用默认工件坐标系
J JR[0]  '原点
R[110] = 20
LR[13] = LR[11]
LR[13][2] = LR[13][2]+8 * R[110]
L LR[13]  '笔型工具正上方点
LR[12] = LR[11]
LR[12][2] = LR[12][2]+R[110]
L LR[12]  '笔型工具上方 20 mm 点
L LR[11] VEL=200  '笔型工具拾取点
WAIT TIME = 100
DO[8] = ON  '快换松
DO[9] = OFF
WAIT TIME = 100
L LR[12]
L LR[13]
J JR[0]  '原点
```

### (三)“轨迹绘图”程序

“轨迹绘图”程序示例如下。

```
UTOOL_NUM = -1  '调用默认工具坐标系
UFRAME_NUM = -1  '调用默认工件坐标系
J JR[0]  '原点
CALL "QB.PRG" '调用“取笔型工具”程序
UTOOL_NUM = 4  '调用工具坐标系
L P[100] '绘图模块上方趋近点
L P[0]  'P[1]起笔点上方点
L P[1]  '起笔点
L P[2]  '提笔点
L P[102]  '提笔上方点
L P[103]  '再次起笔上方点
L P[3] '再次起笔点
```

```
L P[4]
L P[104]   '提笔上方点
L P[105]   '再次起笔上方点
L P[5]
L P[6]
L P[106]   '提笔上方点
L P[108]   '再次起笔上方点
L P[8]
C P[9] P[10]
C P[11] P[12]
C P[13] P[14]
……
C P[23] P[24]
C P[25] P[26]
L P[27]
L P[127]
J JR[0]   '原点
CALL "FB.PRG"   '调用“放笔型工具”程序
```

# 任务三　斜面搬运操作

## 一、操作步骤

斜面搬运操作步骤如下。

Step1:手动将工件按照要求的任务顺序,放置在斜面搬运模块的左侧放置位上。

Step2:平台上电(顺时针旋转平台右边的旋转开关)、打开空压机开关(黑色旋钮至ON空压机上电,待压力表指针旋转到0.6 MPa时,顺时针旋转绿色开关打开气阀)。

Step3:将急停按钮旋起,待系统启动完成,在示教器上确认或清除报警等信息。

Step4:I/O信号检测。

Step5:点击默认的【工具/工件坐标系】按钮,手动安装笔型工具。

Step6:手动操作机器人,以笔型工具尖点为基准,进行斜面搬运模块工件坐标系标定,如

图 4-7所示,将工件坐标保存在工件坐标系 6 中。

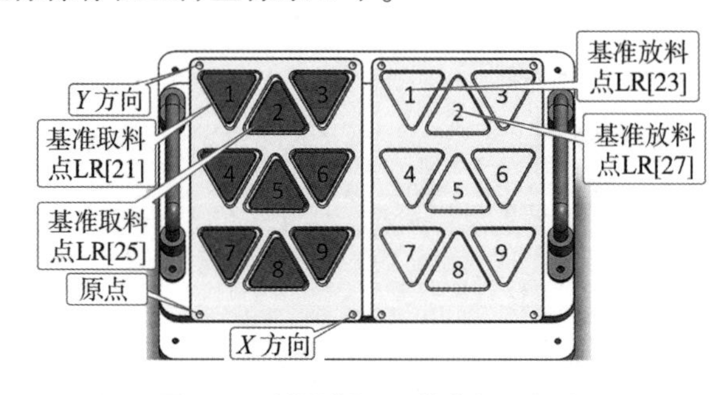


图 4-7　斜面搬运工件坐标系标定

Step7:搬运轨迹分析。

根据任务要求,可以将取料和放料分为两组,如图 4-8 和图 4-9 所示。

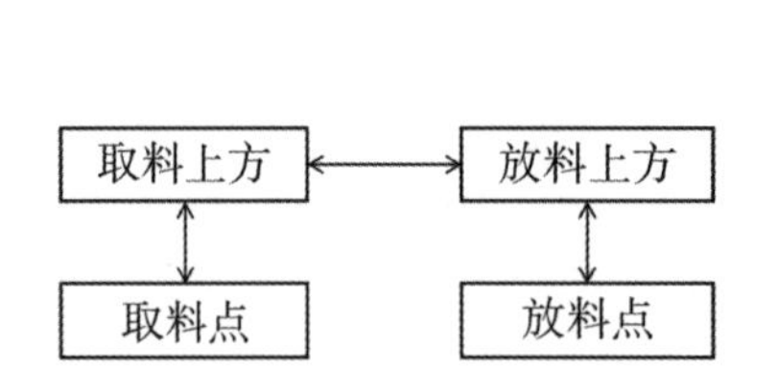


图 4-8　取料和放料流程图

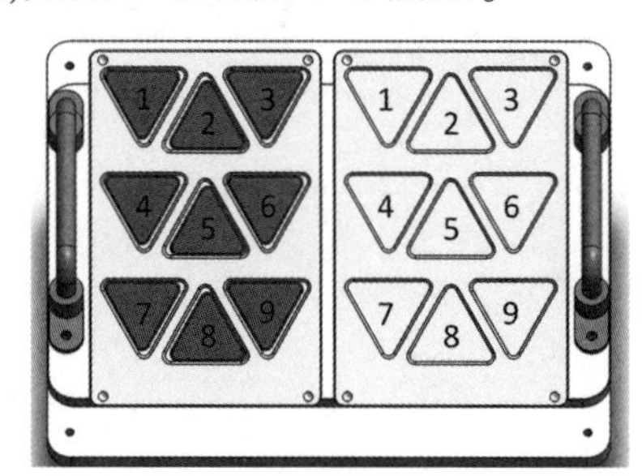


图 4-9　左侧取料和右侧放料示意图

(1)组一:1/3/4/6/7/9 矩阵排列,以取料 LR[21]、放料 LR[23]点都以“1 号三角形”为基准,根据标定的工件坐标系 4,其余三角形 *X* 方向偏移+66 mm,*Y* 方向偏移-55 mm。

(2)组二:2/5/8 矩阵排列,以取料 LR[25]、放料 LR[27]点都以“2 号三角形”为基准,根据标定的工件坐标系 4,其余三角形 *Y* 方向偏移-55 mm。

Step8:新建“取吸盘工具”程序,程序命名为“QXP.PRG”。

Step9:新建“放吸盘工具”程序,程序命名为“FXP.PRG”。

Step10:新建“斜面搬运”程序,程序命名为“BY.PRG”。

## 二、程序说明及示例

### (一)“取吸盘工具”程序

“取吸盘工具”程序说明如下。

JR[0]:机器人原点;

LR[14]:吸盘工具拾取点(示教点);

LR[15]:吸盘工具上方 20 mm 点(计算点);

LR[16]:吸盘工具正上方点(计算点);

R[110]:$Z$ 方向偏移量(数值)。

“取吸盘工具”程序示例如下。

```
UTOOL_NUM = -1  '调用默认工具坐标系
UFRAME_NUM = -1  '调用默认工件坐标系
J JR[0]  '原点
R[110] = 20
LR[16] = LR[14]
LR[16][2] = LR[16][2]+8 * R[110]
L LR[16]  '吸盘工具正上方点
LR[15] = LR[14]
LR[15][2] = LR[15][2]+R[110]
L LR[15]  '吸盘工具上方 20 mm 点
WAIT TIME = 100
DO[8] = ON  '快换松
DO[9] = OFF
WAIT TIME = 100
L LR[14] VEL=200  '吸盘工具拾取点
WAIT TIME = 100
DO[8] = OFF  '快换紧
DO[9] = ON
WAIT TIME = 100
L LR[15]  '吸盘工具上方 20 mm 点
L LR[16]  '吸盘工具正上方点
J JR[0]  '原点
```

### (二)“放吸盘工具”程序

“放吸盘工具”程序说明如下。

JR[0]:机器人原点;

JR[14]:吸盘工具拾取点(示教点);

LR[15]:吸盘工具上方 20 mm 点(计算点);

LR[16]:吸盘工具正上方点(计算点);

R[110]:$Z$ 方向偏移量(数值)。

“放吸盘工具”程序示例如下。

```
UTOOL_NUM = -1  '调用默认工具坐标系
UFRAME_NUM = -1  '调用默认工件坐标系
J JR[0]  '原点
R[110]=20
LR[16] = LR[14]  '赋值
LR[16][2] = LR[16][2]+8*R[110]
L LR[16]  '吸盘工具正上方点
LR[15] = LR[14]  '赋值
LR[15][2] = LR[15][2]+R[110]  'Z方向+20 mm
L LR[15]  '吸盘工具上方20 mm点
L LR[14] VEL=200  '吸盘工具拾取点
WAIT TIME = 100
DO[8] = ON  '快换松
DO[9] = OFF
WAIT TIME = 100
L LR[15]
J LR[16]
J JR[0]  '原点
```

### (三)“斜面搬运”程序

“斜面搬运”程序说明如下。

LR[20]:搬运模块上方趋近点;

LR[21]:1号三角形取料点;

LR[23]:1号三角形放料点;

LR[25]:2号三角形取料点;

LR[27]:2号三角形放料点;

R[111] = 0:*X*方向偏移变量计数;

R[112] = 0:*Y*方向偏移变量计数;

R[113] = 0:循环搬运计数。

“斜面搬运”程序示例如下。

```
UTOOL_NUM = -1  '调用默认工具坐标系
UFRAME_NUM = -1  '调用默认工件坐标系
```

```
J JR[0]   '原点
CALL "QXP.PRG"   '调用"取吸盘工具"程序
UFRAME_NUM = 4   '调用 4 号工件坐标系
R[111] = 0   'X 方向偏移变量计数
R[112] = 0   'Y 方向偏移变量计数
R[113] = 0   '循环搬运计数
J LR[20]   '搬运模块上方趋近点
LBL[1]
LR[31] = LR[21]   'LR[21]基准拾取点(1 号三角形取料点),需要人工对点
LR[31][0] = LR[31][0]+R[111] * 66
LR[31][1] = LR[31][1]-R[112] * 55
LR[31][2] = LR[31][2]+25
L LR[31]   '拾取三角形上方点
LR[32] = LR[31]
LR[32][2] = LR[32][2]-25
L LR[32]   '三角形拾取点
WAIT TIME = 100
DO[12] = ON
WAIT TIME = 100
L LR[31]   '拾取三角形上方点
LR[33] = LR[23]   'LR[23]基准放置点(1 号三角形放料点),需要人工对点
LR[33][0] = LR[33][0]+R[111] * 66
LR[33][1] = LR[33][1]-R[112] * 55
LR[33][2] = LR[33][2]+25
L LR[33]   '放置三角形上方点
LR[34] = LR[33]
LR[34][2] = LR[34][2]-25
L LR[34]   '三角形放置点
WAIT TIME = 100
DO[12] = OFF
WAIT TIME = 100
L LR[33]   '放置三角形上方点
```

```
WAIT TIME = 100
R[113] = R[113]+1  '循环搬运计数+1
WAIT TIME = 100

IF R[113]=1,GOTO LBL[2]
IF R[113]=2,GOTO LBL[3]
IF R[113]=3,GOTO LBL[4]
IF R[113]=4,GOTO LBL[5]
IF R[113]=5,GOTO LBL[6]
IF R[113]=6,GOTO LBL[7]
LBL[2]  '3 号三角形赋值
R[111] = 1
R[112] = 0
GOTO LBL[1]
LBL[3]  '4 号三角形赋值
R[111] = 0
R[112] = 1
GOTO LBL[1]
LBL[4]  '6 号三角形赋值
R[111] = 1
R[112] = 1
GOTO LBL[1]
LBL[5]  '7 号三角形赋值
R[111] = 0
R[112] = 2
GOTO LBL[1]
LBL[6]  '9 号三角形赋值
R[111] = 1R[112] = 2
GOTO LBL[1]
LBL[7]  '2 号三角形赋值
R[111] = 0
R[112] = 0
GOTO LBL[11]
```

```
LBL[11]  '初始设定2号三角形拾取/放置位,后面5/8通过赋值更改寄存器
LR[35] = LR[25]  'LR[25]基准拾取点(2号三角形取料点),需要人工对点
LR[35][1] = LR[35][1]-R[112] * 55
LR[35][2] = LR[35][2]+25
L LR[35]  '拾取三角形上方点
LR[36] = LR[35]
LR[36][2] = LR[36][2]-25
L LR[36]  '三角形拾取点
WAIT TIME = 100
DO[12] = ON
WAIT TIME = 100
L LR[35]  '拾取三角形上方点
LR[37] = LR[27]  'LR[27]基准放置点(2号三角形放料点),需要人工对点
LR[37][1] = LR[37][1]-R[112] * 55
LR[37][2] = LR[37][2]+25
L LR[37]  '放置三角形上方点
LR[38] = LR[37]
LR[38][2] = LR[38][2]-25
L LR[38]  '三角形放置点
WAIT TIME = 100
DO[12] = OFF
WAIT TIME = 100
L LR[37]  '放置三角形上方点
R[113] = R[113]+1
IF R[113]=7,GOTO LBL[8]
IF R[113]=8,GOTO LBL[9]
IF R[113]=9,GOTO LBL[10]
LBL[8]  '5号三角形赋值
R[112] = 1
GOTO LBL[11]
LBL[9]  '8号三角形赋值
R[112] = 2
```

```
GOTO LBL[11]
LBL[10]
CALL "FXP.PRG"    '调用“放吸盘工具”程序
J JR[0]   '原点
```

# 任务四　工件码垛操作

## 一、操作步骤

工件码垛操作步骤如下。

Step1：手动将工件按照要求的任务顺序，放置在斜面搬运模块的左侧放置位上。

Step2：平台上电（顺时针旋转平台右边的旋转开关）、打开空压机开关（黑色旋钮至 ON 空压机上电，待压力表指针旋转到 0.6 MPa，顺时针旋转绿色开关打开气阀）。

Step3：将急停按钮旋起，待系统启动完成，在示教器上确认或清除报警等信息。

Step4：I/O 信号检测。

Step5：点击默认的【工具/工件坐标系】按钮，手动安装笔型工具。

Step6：手动操作机器人，以笔型工具尖点为基准，按照如图 4-10 所示指示点，标定工件坐标原点、*X* 方向、*Y* 方向，完成工件坐标系 5 的标定。

Step7：机器人码垛运动轨迹分析。

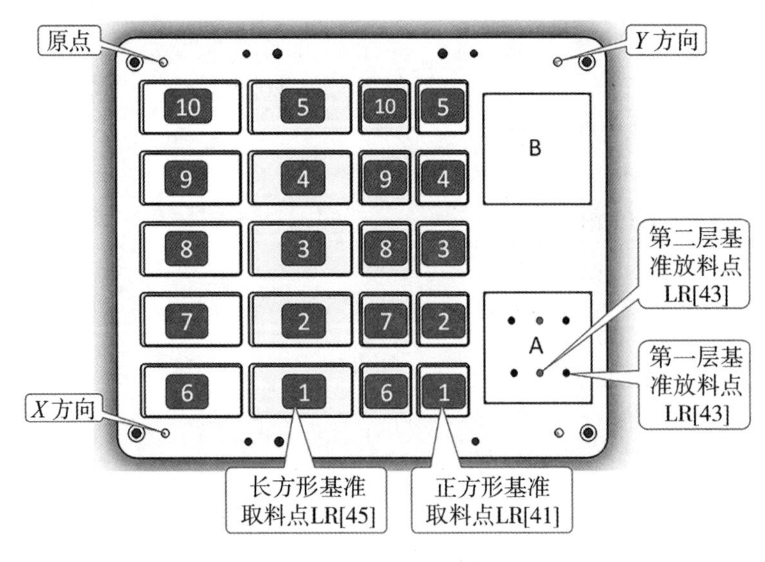


图 4-10　机器人码垛运动轨迹分析

(1)取料。

不难看出,无论是长方形还是正方形,取料的位置都是成矩阵排列,分别以其中一个作为基准,其余的在 *X*、*Y* 方向做偏移计算。

经过测量,以正方形 1 号为基准点 LR[41],根据标定的工件坐标系 5,其余正方形 *X* 方向偏移-42 mm,*Y* 方向偏移-35 mm;以 1 号长方形为基准点 LR[45],其余长方形 *X* 方向偏移-42 mm,*Y* 方向偏移-67 mm。

(2)放料。

第一层:4 个方形工件,可以选择其中一个方形块作为基准放置点 LR[43],其余的 3 个在 *X*、*Y* 方向做偏移计算;经过测量正方形物料尺寸为 30 mm×30 mm×20 mm,矩阵排列的时候,放 1.5 mm 间隙,*X* 方向偏移-31.5 mm,*Y* 方向偏移-31.5 mm。

第二层:2 个长方形工件,同理以其中一个长方形作为基准放置点 LR[47],另一个在 *Y* 方向做偏移计算;经过测量长方形物料尺寸为 60 mm×30 mm×20 mm,矩阵排列的时候,放大 1.5 mm间隙,*Y* 方向偏移-31.5 mm。

Step8:本任务用到的工具为吸盘工具,可在程序中直接调用“QXP.PRG”和“FXP.PRG”程序。

Step9:新建“码垛”程序,程序命名为“MD.PRG”。

## 二、程序说明及示例

“码垛”程序说明如下。

LR[40]:码垛模块上方趋近点;

LR[41]:1 号正方形取料点;

LR[43]:1 号正方形放料点;

LR[45]:1 号长方形取料点;

LR[47]:1 号长方形放料点;

R[114]:*X* 方向偏移变量计数;

R[115]:*Y* 方向偏移变量计数;

R[116]:循环搬运计数。

“码垛”程序示例如下。

```
UTOOL_NUM = -1   '调用默认工具坐标系
UFRAME_NUM = -1   '调用默认工件坐标系
J JR[0]   '原点
CALL "QXP.PRG"   '调用“取吸盘工具”程序
```

```
UTOOL_NUM = -1  '调用默认工具坐标系
UFRAME_NUM = 5  '调用5号工件坐标系
R[114] = 0  'X方向偏移变量计数
R[115] = 0  'Y方向偏移变量计数
R[116] = 0  '循环搬运计数
J LR[40]  '码垛模块上方趋近点
LBL[1]
LR[51] = LR[41]  'LR[41]基准拾取点(1号正方形取料点),需要人工对点
LR[51][0] = LR[51][0]-R[114] * 42
LR[51][1] = LR[51][1]-R[115] * 35
LR[51][2] = LR[51][2]+25
L LR[51]  '拾取正方形上方点
LR[52] = LR[51]
LR[52][2] = LR[52][2]-25
L LR[52]  '正方形拾取点
WAIT TIME = 100
DO[12] = ON
WAIT TIME = 100
L LR[51]  '拾取正方形上方点
LR[53] = LR[43]  'LR[43]基准放置点(1号正方形放料点),需要人工对点
LR[53][0] = LR[53][0]-R[114] * 31.5
LR[53][1] = LR[53][1]-R[115] * 31.5
LR[53][2] = LR[53][2]+25
L LR[53]  '放置正方形上方点
LR[54] = LR[53]
LR[54][2] = LR[54][2]-25
L LR[54]  '正方形放置点
WAIT TIME = 100
DO[12] = OFF
WAIT TIME = 100
L LR[53]  '放置正方形上方点
WAIT TIME = 100
```

```
R[116] = R[116]+1
WAIT TIME = 100
IF R[116]=1,GOTO LBL[2]
IF R[116]=2,GOTO LBL[3]
IF R[116]=3,GOTO LBL[4]
IF R[116]=4,GOTO LBL[5]
LBL[2]  '6号正方形赋值
R[114] = 1
R[115] = 0
GOTO LBL[1]
LBL[3]  '2号正方形赋值
R[114] = 0
R[115] = 1
GOTO LBL[1]
LBL[4]  '7号正方形赋值
R[114] = 1
R[115] = 1
GOTO LBL[1]
LBL[5]  '1号长方形赋值 R[114] = 0
R[115] = 0
GOTO LBL[11]
LBL[11]
LR[55] = LR[45]    'LR[45]基准拾取点(1号长方形取料点),需要人工对点
LR[55][0] = LR[55][0]-R[114]*42
LR[55][1] = LR[55][1]-R[115]*67
LR[55][2] = LR[55][2]+50
L LR[55]  '拾取长方形上方点
LR[56] = LR[55]
LR[56][2] = LR[56][2]-50
L LR[56]  '长方形拾取点
WAIT TIME = 100
DO[12] = ON
```

```
WAIT TIME = 100
L LR[55]  '拾取长方形上方点
LR[57] = LR[47]   'LR[47]基准放置点(1号长方形放料点),需要人工对点
LR[57][0] = LR[57][0]-R[114] * 31.5
LR[57][1] = LR[57][1]-R[115] * 67
LR[57][2] = LR[57][2]+50
L LR[57]  '放置长方形上方点
LR[58] = LR[57]
LR[58][2] = LR[58][2]-50
L LR[58]  '长方形放置点
WAIT TIME = 100
DO[12] = OFF
WAIT TIME = 100
L LR[57]  '放置长方形上方点
R[116] = R[116]+1
IF R[116]=5,GOTO LBL[8]
IF R[116]=6,GOTO LBL[9]
LBL[8]  '2号长方形赋值
R[114] = 1
GOTO LBL[11]
LBL[9]
CALL "FXP.PRG"  '调用"放吸盘工具"程序
J JR[0]  '原点
```

# 任务五　电机装配操作

## 一、操作步骤

电机装配操作步骤如下。

Step1:手动将工件按照要求的任务顺序,放置在斜面搬运模块左侧的放置位上。

Step2:平台上电(顺时针旋转平台右边的旋转开关)、打开空压机开关(黑色旋钮至 ON 空

压机上电,待压力表指针旋转到 0.6 MPa,顺时针旋转绿色开关打开气阀)。

Step3:将急停按钮旋起,待系统启动完成,在示教器上确认或清除报警等信息。

Step4:I/O 信号检测。

Step5:点击默认的【工具/工件坐标系】按钮,手动安装笔型工具。

Step6:手动操作机器人,以笔型工具尖点为基准,按照图 4-10 指示点,标定工件坐标原点、*X* 方向、*Y* 方向,完成工件坐标系 6 的标定。

Step7:经过分析,此装配需要用到直口夹爪工具和吸盘工具,直口夹爪工具用于搬运“电机转子”,吸盘工具用于搬运“电机盖板”。转子、盖板和电机座的布局分析如下。

(1)转子(取料)。电机转子矩阵排列,以 2 号电机转子为基准点 LR[61],根据标定的工件坐标系 6,其余电机转子 *X* 方向偏移+60 mm,*Y* 方向偏移-36 mm。

(2)盖板(取料)。电机盖板矩阵排列,以 2 号电机盖板为基准点 LR[65],根据标定的工件坐标系 6,其余电机盖板 *X* 方向偏移+60 mm,*Y* 方向偏移-45 mm。

(3)电机座(放料)。电机转子矩阵排列,以 1 号电机座为基准点 LR[63]和 LR[67](转子装配 LR[63],盖板装配 LR[67]),根据标定的工件坐标系 6,其余电机座 *X* 方向偏移+60 mm,*Y* 方向偏移-48 mm。

Step8:新建“取直口夹爪工具”程序,程序命名为“QZK.PRG”。

Step9:新建“放直口夹爪工具”程序,程序命名为“FZK.PRG”。

Step10:新建“电机装配”程序,程序命名为“ZP.PRG”。

## 二、程序说明及示例

### (一)“取直口夹爪工具”程序

“取直口夹爪工具”程序说明如下。

JR[0]:机器人原点;

LR[17]:直口夹爪工具拾取点(示教点);

LR[18]:直口夹爪工具上方 20 mm 点(计算点);

LR[19]:直口夹爪工具正上方点(计算点);

R[110]:*Z* 方向偏移距离 20 mm(计算值)。

“取直口夹爪工具”程序示例如下。

```
UTOOL_NUM = -1   '调用默认工具坐标系
UFRAME_NUM = -1   '调用默认工件坐标系
J JR[0]   '原点
R[110] = 20
```

```
LR[19] = LR[17]
LR[19][2] = LR[19][2]+8*R[110]
L LR[19]  '直口夹爪工具正上方点
LR[18] = LR[17]
LR[18][2] = LR[18][2]+R[110]
L LR[18]  '直口夹爪工具上方 20 mm 点
WAIT TIME = 100
DO[8] = ON  '快换松
DO[9] = OFF
WAIT TIME = 100
L LR[17] VEL=200  '直口夹爪工具拾取点
WAIT TIME = 100
DO[8] = OFF  '快换紧
DO[9] = ONWAIT TIME = 100
L LR[18]
L LR[19]
J JR[0]  '原点
```

(二)“放直口夹爪工具”程序

“放直口夹爪工具”程序说明如下。

JR[0]:机器人原点;

LR[17]:直口夹爪工具拾取点(示教点);

LR[18]:直口夹爪工具上方 20 mm 点(计算点);

LR[19]:直口夹爪工具正上方点(计算点);

R[110]:Z 方向偏移距离 20 mm(计算值)。

“放直口夹爪工具”程序示例如下。

```
UTOOL_NUM = -1  '调用默认工具坐标系
UFRAME_NUM = -1  '调用默认工件坐标系
J JR[0]  '原点
R[110] = 20
LR[19] = LR[17]
LR[19][2] = LR[19][2]+8*R[110]
```

```
L LR[19]  '直口夹爪工具正上方点
LR[18] = LR[17]
LR[18][2] = LR[18][2]+R[110]
L LR[18]  '直口夹爪工具上方 20 mm 点
L LR[17] VEL=200  '直口夹爪工具拾取点
WAIT TIME = 100
DO[8] = ON  '快换松
DO[9] = OFF
WAIT TIME = 100
L LR[18]
L LR[19]
J JR[0]  '原点
```

### (三)“电机装配”程序

“电机装配”程序说明如下。

LR[60]:装配模块上方趋近点;

LR[61]:2 号电机转子取料点;

LR[63]:2 号电机转子放料点;

LR[65]:2 号电机盖板取料点;

LR[67]:2 号电机盖板放料点;

R[117]:*X* 方向偏移变量计数;

R[118]:*Y* 方向偏移变量计数;

R[119]:循环搬运计数。

“电机装配”程序示例如下。

```
UTOOL_NUM = -1  '调用默认工具坐标系
UFRAME_NUM = -1  '调用默认工件坐标系
J JR[0]  '原点
CALL "QZK.PRG"  '调用“取直口夹爪工具”程序
UTOOL_NUM = -1  '调用默认工具坐标系
UFRAME_NUM = 6  '调用 6 号工件坐标系
R[117]:X 方向偏移变量计数
R[118]:Y 方向偏移变量计数
```

```
R[119] = 0 '循环搬运计数
DO[10] = ON '直口夹爪工具松开
DO[11] = OFF
J LR[60] '装配模块上方趋近点
LBL[1]
LR[71] = LR[61] 'LR[61]基准拾取点(2号电机转子取料点),需要人工对点
LR[71][0] = LR[71][0]+R[117]*60
LR[71][1] = LR[71][1]-R[118]*36
LR[71][2] = LR[71][2]+45
L LR[71] '拾取电机转子上方点
LR[72] = LR[71]
LR[72][2] = LR[72][2]-45
L LR[72] '电机转子拾取点 WAIT TIME = 100
DO[10] = OFF
DO[11] = ON
WAIT TIME = 500
L LR[71] '拾取电机转子上方点
LR[73] = LR[63] 'LR[63]基准放置点(2号电机转子放料点),需要人工对点
LR[73][0] = LR[73][0]+R[117]*60
LR[73][1] = LR[73][1]-R[118]*48
LR[73][2] = LR[73][2]+45
L LR[73] '放置电机转子上方点
LR[74] = LR[73]
LR[74][2] = LR[74][2]-45
L LR[74] '电机转子放置点
WAIT TIME = 100
DO[10] = ON
DO[11] = OFF
WAIT TIME = 500
L LR[73] '放置电机转子上方点
WAIT TIME = 100
R[119] = R[119]+1
```

```
WAIT TIME = 100
IF R[119]=1,GOTO LBL[2]
IF R[119]=2,GOTO LBL[3]
IF R[119]=3,GOTO LBL[4]
IF R[119]=4,GOTO LBL[5]
IF R[119]=5,GOTO LBL[6]
IF R[119]=6,GOTO LBL[7]
LBL[2]  '1 号电机转子赋值
R[117] = 0
R[118] = 1
GOTO LBL[1]
LBL[3]  '4 号电机转子赋值
R[117] = 1
R[118] = 0
GOTO LBL[1]
LBL[4]  '3 号电机转子赋值
R[117] = 1
R[118] = 1
GOTO LBL[1]
LBL[5]  '6 号电机转子赋值
R[117] = 2
R[118] = 0
GOTO LBL[1]
LBL[6]  '5 号电机转子赋值
R[117] = 2
R[118] = 1
GOTO LBL[1]
LBL[7]
WAIT TIME = 100
DO[10] = OFF
DO[11] = ON
WAIT TIME = 100
```

```
DO[11] = OFF
CALL "FZK.PRG"   '调用“放直口爪夹工具”程序
CALL "QXP.PRG"   '调用“取吸盘工具”程序
R[117] = 0
R[118] = 0
R[119] = 0
GOTO LBL[11]
UFRAME_NUM = 6  '调用 6 号工件坐标系
J LR[60]
LBL[11]
LR[75] = LR[65]   'LR[65]基准拾取点(2 号电机盖板取料点),需要人工对点
LR[75][0] = LR[75][0]+R[117] * 60
LR[75][1] = LR[75][1]-R[118] * 48
LR[75][2] = LR[75][2]+45
L LR[75]  '拾取电机盖板上方点
LR[76] = LR[75]
LR[76][2] = LR[76][2]-45
L LR[76]  '电机盖板拾取点
WAIT TIME = 100
DO[12] = ON
WAIT TIME = 100
L LR[75]  '拾取电机盖板上方点
LR[77] = LR[67]   'LR[67]基放置点(2 号电机盖板放料点),需要人工对点
LR[77][0] = LR[77][0]+R[117] * 60
LR[77][1] = LR[77][1]-R[118] * 48
LR[77][2] = LR[77][2]+45
L LR[77]  '放置电机盖板上方点
LR[78] = LR[77]
LR[78][2] = LR[78][2]-45
L LR[78]  '电机盖板放置点
WAIT TIME = 100
DO[12] = OFF
```

```
WAIT TIME = 100
L LR[77]  '放置电机盖板上方点
R[119] = R[119]+1
IF R[119]=1,GOTO LBL[8]
IF R[119]=2,GOTO LBL[9]
IF R[119]=3,GOTO LBL[10]
IF R[119]=4,GOTO LBL[12]
IF R[119]=5,GOTO LBL[13]
IF R[119]=6,GOTO LBL[14]
LBL[8]  '1 号电机盖板赋值
R[117] = 0
R[118] = 1
GOTO LBL[11]
LBL[9]  '4 号电机盖板赋值
R[117] = 1
R[118] = 0
GOTO LBL[11]
LBL[10]  '3 号电机盖板赋值
R[117] = 1
R[118] = 1
GOTO LBL[11]
LBL[12]  '6 号电机盖板赋值
R[117] = 2
R[118] = 0
GOTO LBL[11]
LBL[13]  '5 号电机盖板赋值
R[117] = 2
R[118] = 1
GOTO LBL[11]
LBL[14]
CALL "FXP.PRG"  '调用“放吸盘工具”程序
J JR[0]  '原点
```

# 项目测评

**任务一**:根据项目实训对象设备,填写表4-5(可自行添加)。

**表4-5 任务一实训信息记录**

| 序 号 | 实训信息记录 | 备 注 |
| --- | --- | --- |
| 1 | 采用的工件坐标号及信息: | |
| 2 | 寄存器LR[ ]示教点位信息: | |
| 3 | 寄存器LR[ ]示教点位信息: | |
| 4 | 寄存器LR[ ]示教点位信息: | |
| 6 | 寄存器LR[ ]示教点位信息: | |
| 5 | 寄存器LR[ ]示教点位信息: | |
| 7 | 寄存器LR[ ]示教点位信息: | |
| 8 | 寄存器LR[ ]示教点位信息: | |
| 9 | 寄存器LR[ ]示教点位信息: | |
| 10 | 寄存器LR[ ]示教点位信息: | |
| 11 | 寄存器LR[ ]示教点位信息: | |
| 12 | 寄存器LR[ ]示教点位信息: | |
| 13 | 寄存器LR[ ]示教点位信息: | |
| 14 | 寄存器LR[ ]示教点位信息: | |
| 15 | 寄存器LR[ ]示教点位信息: | |
| 16 | 寄存器LR[ ]示教点位信息: | |
| 17 | 寄存器LR[ ]示教点位信息: | |

**任务二**:根据项目实训对象设备,填写表4-6(可自行添加)。

**表4-6 任务二实训信息记录**

| 序 号 | 实训信息记录 | 备 注 |
| --- | --- | --- |
| 1 | 采用的工件坐标号及信息: | |
| 2 | 寄存器LR[ ]示教点位信息: | |
| 3 | 寄存器LR[ ]示教点位信息: | |
| 4 | 寄存器LR[ ]示教点位信息: | |
| 6 | 寄存器LR[ ]示教点位信息: | |
| 5 | 寄存器LR[ ]示教点位信息: | |
| 7 | 寄存器LR[ ]示教点位信息: | |

续表

| 序　号 | 实训信息记录 | 备　注 |
| --- | --- | --- |
| 8 | 寄存器 LR[ ]示教点位信息: | |
| 9 | 寄存器 LR[ ]示教点位信息: | |
| 10 | 寄存器 LR[ ]示教点位信息: | |
| 11 | 寄存器 LR[ ]示教点位信息: | |
| 12 | 寄存器 LR[ ]示教点位信息: | |
| 13 | 寄存器 LR[ ]示教点位信息: | |
| 14 | 寄存器 LR[ ]示教点位信息: | |
| 15 | 寄存器 LR[ ]示教点位信息: | |
| 16 | 寄存器 LR[ ]示教点位信息: | |
| 17 | 寄存器 LR[ ]示教点位信息: | |

**任务三:**根据项目实训对象设备,填写表 4-7(可自行添加)。

**表 4-7　任务三实训信息记录**

| 序　号 | 实训信息记录 | 备　注 |
| --- | --- | --- |
| 1 | 采用的工件坐标号及信息: | |
| 2 | 寄存器 LR[ ]示教点位信息: | |
| 3 | 寄存器 LR[ ]示教点位信息: | |
| 4 | 寄存器 LR[ ]示教点位信息: | |
| 6 | 寄存器 LR[ ]示教点位信息: | |
| 5 | 寄存器 LR[ ]示教点位信息: | |
| 7 | 寄存器 LR[ ]示教点位信息: | |
| 8 | 寄存器 LR[ ]示教点位信息: | |
| 9 | 寄存器 LR[ ]示教点位信息: | |
| 10 | 寄存器 LR[ ]示教点位信息: | |
| 11 | 寄存器 LR[ ]示教点位信息: | |
| 12 | 寄存器 LR[ ]示教点位信息: | |
| 13 | 寄存器 LR[ ]示教点位信息: | |
| 14 | 寄存器 LR[ ]示教点位信息: | |
| 15 | 寄存器 LR[ ]示教点位信息: | |
| 16 | 寄存器 LR[ ]示教点位信息: | |
| 17 | 寄存器 LR[ ]示教点位信息: | |

**任务四**:根据项目实训对象设备,填写表4-8(可自行添加)。

**表4-8　任务四实训信息记录**

| 序　号 | 实训信息记录 | 备　注 |
| --- | --- | --- |
| 1 | 采用的工件坐标号及信息: | |
| 2 | 寄存器LR[　]示教点位信息: | |
| 3 | 寄存器LR[　]示教点位信息: | |
| 4 | 寄存器LR[　]示教点位信息: | |
| 6 | 寄存器LR[　]示教点位信息: | |
| 5 | 寄存器LR[　]示教点位信息: | |
| 7 | 寄存器LR[　]示教点位信息: | |
| 8 | 寄存器LR[　]示教点位信息: | |
| 9 | 寄存器LR[　]示教点位信息: | |
| 10 | 寄存器LR[　]示教点位信息: | |
| 11 | 寄存器LR[　]示教点位信息: | |
| 12 | 寄存器LR[　]示教点位信息: | |
| 13 | 寄存器LR[　]示教点位信息: | |
| 14 | 寄存器LR[　]示教点位信息: | |
| 15 | 寄存器LR[　]示教点位信息: | |
| 16 | 寄存器LR[　]示教点位信息: | |
| 17 | 寄存器LR[　]示教点位信息: | |

**任务五**:根据项目实训对象设备,填写表4-9(可自行添加)。

**表4-9　任务五实训信息记录**

| 序　号 | 实训信息记录 | 备　注 |
| --- | --- | --- |
| 1 | 采用的工件坐标号及信息: | |
| 2 | 寄存器LR[　]示教点位信息: | |
| 3 | 寄存器LR[　]示教点位信息: | |
| 4 | 寄存器LR[　]示教点位信息: | |
| 6 | 寄存器LR[　]示教点位信息: | |
| 5 | 寄存器LR[　]示教点位信息: | |
| 7 | 寄存器LR[　]示教点位信息: | |
| 8 | 寄存器LR[　]示教点位信息: | |
| 9 | 寄存器LR[　]示教点位信息: | |

**续表**

| 序　号 | 实训信息记录 | 备　注 |
| --- | --- | --- |
| 10 | 寄存器 LR[ ]示教点位信息： | |
| 11 | 寄存器 LR[ ]示教点位信息： | |
| 12 | 寄存器 LR[ ]示教点位信息： | |
| 13 | 寄存器 LR[ ]示教点位信息： | |
| 14 | 寄存器 LR[ ]示教点位信息： | |
| 15 | 寄存器 LR[ ]示教点位信息： | |
| 16 | 寄存器 LR[ ]示教点位信息： | |
| 17 | 寄存器 LR[ ]示教点位信息： | |

# 附　　录

## 附表1　系统输入信号表

| 信号名称 | 说　明 | 生效方式 |
| --- | --- | --- |
| iPRG_START | 启动程序信号。启动已加载的用户程序运行 | 下降沿生效 |
| iPRG_PAUSE | 暂停程序信号。暂停用户程序运行 | 下降沿生效 |
| iPRG_STOP | 停止程序信号。停止用户程序运行并卸载程序 | 下降沿生效 |
| iPRG_LOAD | 加载程序信号。加载指定的用户程序 | 上升沿生效 |
| iPRG_UNLOAD | 卸载程序信号。卸载准备状态的程序 | 下降沿生效 |
| iENABLE | 系统使能信号 | 上升沿使能,置0断使能 |
| iCLEAR_FAULTS | 清除错误信号 | 上升沿生效 |
| iSHARED_EN[0] | 共享区[0]使能开关 | 上升沿使能打开,置0关闭 |
| iSHARED_EN[1] | 共享区[1]使能开关 | 上升沿使能打开,置0关闭 |
| iSHARED_EN[2] | 共享区[2]使能开关 | 上升沿使能打开,置0关闭 |
| iSHARED_EN[3] | 共享区[3]使能开关 | 上升沿使能打开,置0关闭 |
| iSHARED_EN[4] | 共享区[4]使能开关 | 上升沿使能打开,置0关闭 |
| iSHARED_EN[5] | 共享区[5]使能开关 | 上升沿使能打开,置0关闭 |
| iSHARED_EN[6] | 共享区[6]使能开关 | 上升沿使能打开,置0关闭 |
| iSHARED_EN[7] | 共享区[7]使能开关 | 上升沿使能打开,置0关闭 |
| iSHARED_EN[8] | 共享区[8]使能开关 | 上升沿使能打开,置0关闭 |
| iSHARED_EN[9] | 共享区[9]使能开关 | 上升沿使能打开,置0关闭 |
| iSHARED_EN[10] | 共享区[10]使能开关 | 上升沿使能打开,置0关闭 |
| iSHARED_EN[11] | 共享区[11]使能开关 | 上升沿使能打开,置0关闭 |
| iSHARED_EN[12] | 共享区[12]使能开关 | 上升沿使能打开,置0关闭 |
| iSHARED_EN[13] | 共享区[13]使能开关 | 上升沿使能打开,置0关闭 |
| iSHARED_EN[14] | 共享区[14]使能开关 | 上升沿使能打开,置0关闭 |
| iSHARED_EN[15] | 共享区[15]使能开关 | 上升沿使能打开,置0关闭 |

## 附表 2 系统输出信号表

| 信号名称 | 说 明 | 备 注 |
| --- | --- | --- |
| oROBOT_READY | 机器人准备信号。当同时满足系统初始化完毕,用户程序处于已加载状态,且已使能时该信号输出 | 程序运行中不会输出该信号 |
| oDRV_FAULTS | 错误 | 同一时刻下,这些信号有且只有一个信号输出 |
| oENABLE_STATE | 使能状态 | |
| oPRG_UNLOAD | 用户程序处于未加载状态 | |
| oPRG_READY | 用户程序已加载状态 | |
| oPRG_RUNNING | 用户程序运行状态 | |
| oPRG_ERR | 用户程序报警状态 | |
| oPRG_PAUSE | 用户程序暂停状态 | |
| ols_Moving | 机器人正在运动中 | |
| oMANUAL_MODE | 系统处于手动模式 | |
| oAUTO_MODE | 系统处于自动模式 | |
| oEXT_MODE | 系统处于外部模式 | |
| oHOME | 当前处于零点位置 | |
| oMD_ENABLED MoDBuS | 使能开关 | |
| oMD_CONN ModBus | 连接状态 | |
| oREF[0] | 参考点[0] | |
| oREF[1] | 参考点[1] | |
| oREF[2] | 参考点[2] | |
| oREF[3] | 参考点[3] | |
| oREF[4] | 参考点[4] | |
| oREF[5] | 参考点[5] | |
| oREF[6] | 参考点[6] | |
| oREF[7] | 参考点[7] | |
| oAREA_OUT[0] | 区域[0]输出信号 | |
| oAREA_OUT[1] | 区域[1]输出信号 | |
| oAREA_OUT[2] | 区域[2]输出信号 | |
| oAREA_OUT[3] | 区域[3]输出信号 | |
| oAREA_OUT[4] | 区域[4]输出信号 | |
| oAREA_OUT[5] | 区域[5]输出信号 | |

续表

| 信号名称 | 说　明 | 备　注 |
| --- | --- | --- |
| oAREA_OUT[6] | 区域[6]输出信号 | |
| oAREA_OUT[7] | 区域[7]输出信号 | |
| oAREA_OUT[8] | 区域[8]输出信号 | |
| oAREA_OUT[9] | 区域[9]输出信号 | |
| oAREA_OUT[10] | 区域[10]输出信号 | |
| oAREA_OUT[11] | 区域[11]输出信号 | |
| oAREA_OUT[12] | 区域[12]输出信号 | |
| oAREA_OUT[13] | 区域[13]输出信号 | |
| oAREA_OUT[14] | 区域[14]输出信号 | |
| oAREA_OUT[15] | 区域[15]输出信号 | |

## 附表3　I/O信号表及寄存器表

I/O信号表

| 序　号 | 信　号 | 定义名称 |
| --- | --- | --- |
| 1 | DO[8] | 快换盘松开 |
| 2 | DO[9] | 快换盘夹紧 |
| 3 | DO[10] | 直口夹具松开 |
| 4 | DO[11] | 直口夹具夹紧 |
| 5 | DO[12] | 吸盘吸气 |

R寄存器表

| 序　号 | 寄存器名称 | 定义名称 |
| --- | --- | --- |
| 1 | R[110] | *Z*方向偏移量 |
| 2 | R[111] | *X*方向偏移变量计数(斜面搬运) |
| 3 | R[112] | *Y*方向偏移变量计数(斜面搬运) |
| 4 | R[113] | 循环搬运计数(斜面搬运) |
| 5 | R[114] | *X*方向偏移变量计数(码垛) |
| 6 | R[115] | *Y*方向偏移变量计数(码垛) |
| 7 | R[116] | 循环搬运计数(码垛) |
| 8 | R[117] | *X*方向偏移变量计数(码垛) |

续表

| 序　号 | 寄存器名称 | 定义名称 |
|---|---|---|
| 9 | R[118] | *Y*方向偏移变量计数(码垛) |
| 10 | R[119] | 循环搬运计数(码垛) |

LR 寄存器表

| 序　号 | 寄存器名称 | 定义名称 |
|---|---|---|
| 1 | LR[11] | 笔型工具拾取点(示教点) |
| 2 | LR[12] | 笔型工具上方 20 mm 点(计算点) |
| 3 | LR[13] | 笔型工具正上方点(计算点) |
| 4 | LR[14] | 吸盘工具拾取点(示教点) |
| 5 | LR[15] | 吸盘工具上方 20 mm 点(计算点) |
| 6 | LR[16] | 吸盘工具正上方点(计算点) |
| 7 | LR[17] | 直口夹爪工具拾取点(示教点) |
| 8 | LR[18] | 直口夹爪工具上方 20 mm 点(计算点) |
| 9 | LR[19] | 直口夹爪工具正上方点(计算点) |
| 搬运模块 | | |
| 10 | LR[20] | 搬运模块上方趋近点 |
| 11 | LR[21] | 1 号三角形取料点 |
| 12 | LR[23] | 1 号三角形放料点 |
| 13 | LR[25] | 2 号三角形取料点 |
| 14 | LR[27] | 2 号三角形放料点 |
| 15 | LR[31] | 拾取三角形上方点 |
| 16 | LR[32] | 三角形拾取点 |
| 17 | LR[33] | 放置三角形上方点 |
| 18 | LR[34] | 三角形放置点 |
| 19 | LR[35] | 拾取三角形上方点 |
| 20 | LR[36] | 三角形拾取点 |
| 21 | LR[37] | 放置三角形上方点 |
| 22 | LR[38] | 三角形放置点 |
| 码垛模块 | | |
| 23 | LR[40] | 码垛模块上方趋近点 |
| 24 | LR[41] | 1 号正方形取料点 |

续表

| 序　号 | 寄存器名称 | 定义名称 |
| --- | --- | --- |
| 25 | LR[43] | 1 号正方形放料点 |
| 26 | LR[45] | 1 号长方形取料点 |
| 27 | LR[47] | 1 号长方形放料点 |
| 28 | LR[51] | 拾取正方形上方点 |
| 29 | LR[52] | 正方形拾取点 |
| 30 | LR[53] | 放置正方形上方点 |
| 31 | LR[54] | 正方形放置点 |
| 32 | LR[55] | 拾取长方形上方点 |
| 33 | LR[56] | 长方形拾取点 |
| 34 | LR[57] | 放置长方形上方点 |
| 35 | LR[58] | 长方形放置点 |
| 装配模块 | | |
| 36 | LR[60] | 装配模块上方趋近点 |
| 37 | LR[61] | 2 号电机转子取料点 |
| 38 | LR[63] | 2 号电机转子放料点 |
| 39 | LR[65] | 2 号电机盖板取料点 |
| 40 | LR[67] | 2 号电机盖板放料点 |
| 41 | LR[71] | 拾取电机转子上方点 |
| 42 | LR[72] | 电机转子拾取点 |
| 43 | LR[73] | 放置电机转子上方点 |
| 44 | LR[74] | 电机转子放置点 |
| 45 | LR[75] | 拾取电机盖板上方点 |
| 46 | LR[76] | 电机盖板拾取点 |
| 47 | LR[77] | 放置电机盖板上方点 |
| 48 | LR[78] | 电机盖板放置点 |

# 参 考 文 献


[1]马阳,邵娟.工业机器人编程与操作[M].北京:中国人民大学出版社,2023.

[2]陈琪,沈涛,覃智广.工业机器人机械装调与维护[M].北京:中国轻工业出版社,2020.

[3]杨威,孙海亮,宋艳丽.工业机器人技术及应用[M].武汉:华中科技大学出版社,2019.

[4]曾欣,鲁庆东.工业机器人操作与编程[M].北京:中国轻工业出版社,2020.

[5]刘怀兰,欧道江.工业机器人离线编程仿真技术与应用[M].北京:机械工业出版社,2019.

[6]韦韩.工业机器人的技术发展与应用[M].长春:吉林科学技术出版社,2020.